Imke Krüger

Studie zur 1D/3D-Kopplung von Systemsimulationsmodellen und Feldsimulationsmodellen

GRIN Verlag

Bibliografische Information der Deutschen Nationalbibliothek:

Die Deutsche Bibliothek verzeichnet diese Publikation in der Deutschen Nationalbibliografie; detaillierte bibliografische Daten sind im Internet über http://dnb.d-nb.de/ abrufbar.

Impressum:

Druck und Bindung: Books on Demand GmbH, Norderstedt Germany
ISBN: 978-3-640-86301-3

Dieses Buch bei GRIN:

http://www.grin.com/de/e-book/93989/studie-zur-1d-3d-kopplung-von-systemsimulationsmodellen-und-feldsimulationsmodellen

TUHH
Technische Universität Hamburg-Harburg

Arbeitsbereich Technische Thermodynamik

Kleine Studienarbeit

Studie zur 1D/3D-Kopplung von Systemsimulationsmodellen und Feldsimulationsmodellen

Autorin
Imke Krüger

04.01.2007

TECHNISCHE THERMODYNAMIK

Technische Universität Hamburg - Harburg

Frau cand.-Ing. Imke Krüger

Aufgabenstellung für eine kleine Studienarbeit

Studie zur 1D/3D Kopplung von Systemsimulationsmodellen und Feldsimulationsmodellen

Die Nachfrage bei Airlines nach individuell gestalteten Kabinenlayouts ist in den letzten Jahren signifikant gestiegen. Da eine Veränderung des Kabinenlayouts in vielen Fällen einer Anpassung der Luftführung und der Klimaregelung bedarf, ist es die Aufgabe eines Flugzeugherstellers zu gewährleisten, dass auch in diesem Fall ein optimaler Komfort für Passagiere und Crew geboten wird. Hierzu ist heutzutage ein zeitaufwendiger und unflexibler Entwicklungsprozess von Nöten, der vorwiegend auf experimentellen Untersuchungen basiert. Um diesen Prozess zu beschleunigen und so Entwicklungszeiten und -kosten zu verringern, wurde das Airbus Projekt AMoCaF (Accurate Modeling of Cabin Flow) auf den Weg gebracht. Bei diesem Projekt geht es um die Kopplung von Systemsimulationstools (1D), mit denen z.B. eine Rohrnetzberechnung durchgeführt werden kann, mit Feld- bzw. CFD-Simulationstools (3D), die eine detaillierte Abbildung des Strömungsfeldes in einem durchströmten Körper erlauben.
Das Ziel dieser Studienarbeit ist eine Recherche zur 1D/3D-Kopplung. Dies umfasst sowohl eine Studie darüber, wie es prinzipiell möglich ist, diese Kopplung durchzuführen, als auch eine Marktanalyse von bereits vorhandenen Tools, die die Möglichkeit einer 1D/3D Kopplung bieten. Zu diesem Zweck sollen diese Tools kurz vorgestellt und eine kleine Übersicht über deren Leistungsfähigkeit und Funktionsweise gegeben werden.

Hamburg-Harburg, den 19.07.2006

Inhaltsverzeichnis

Abbildungsverzeichnis

Formelzeichen

Lateinische Formelzeichen

Symbol	Einheit	Definition
A	$[\mathrm{m}^2]$	Querschnittsfläche
C^+	$[\mathrm{kg/ms}^3]$	Wandschichtkonstante
$\overline{C}$	$[\mathrm{kg/ms}^3]$	Kernschichtkonstante
$\overline{\overline{C}}$	$[\mathrm{kg/ms}^3]$	Kernschichtkonstante
D	$[\mathrm{kg/ms}^3]$	Diffusion
d	$[\mathrm{m}]$	Durchmesser
f	$[\mathrm{N/m}^3]$	Volumenbezogene Kraft
$\vec{f}$	$[\mathrm{N/m}^3]$	Volumenbezogener Kraftvektor
g	$[\mathrm{N/kg}]$	Erdbeschleunigung
H	$[\mathrm{J}]$	Enthalpie
K	$[-]$	Konstante
k	$[\mathrm{J}]$	turbulente kinetische Energie
L	$[\mathrm{m}]$	Länge
$\dot{m}$	$[\mathrm{kg/s}]$	Massenstrom
n	$[-]$	Exponent
$\vec{n}$	$[-]$	Normaleneinheitsvektor
p	$[\mathrm{Pa}]$	Druck
q	$[\mathrm{J/kg}]$	Wärmestromdichte
R	$[\mathrm{J/kg\ K}]$	Gaskonstante
r	$[\mathrm{m}]$	Radius
T	$[\mathrm{K}]$	Temperatur
t	$[\mathrm{s}]$	Zeit
u	$[\mathrm{m/s}]$	Strömungsgeschwindigkeit in X-Richtung
$\dot{V}$	$[\mathrm{m}^3/\mathrm{s}]$	Volumenstrom
v	$[\mathrm{m/s}]$	Strömungsgeschwindigkeit in Y-Richtung
$\vec{v}$	$[\mathrm{m/s}]$	Geschwindigkeitsvektor
W_{12}	$[\mathrm{J/kg}]$	Arbeit
w	$[\mathrm{m/s}]$	Strömungsgeschwindigkeit in Z-Richtung
x	$[\mathrm{m}]$	kartesische Koordinate
y	$[\mathrm{m}]$	kartesische Koordinate
z	$[\mathrm{m}]$	kartesische Koordinate

Griechische Formelzeichen

Symbol	Einheit	Definition
ε	$[\mathrm{m}^2/\mathrm{s}^3]$	turbulente Disspiationsrate
$\dot{\epsilon}$	[]	Dehnungsrate
η	$[\mathrm{kg}/\mathrm{ms}]$	dynamische Viskosität
κ	$[-]$	Karman-Konstante
λ	$[-]$	Rohrreibungszahl
ν	$[\mathrm{m}^2/\mathrm{s}]$	kinetische Viskosität
ρ	$[\mathrm{kg}/\mathrm{m}^3]$	Dichte
τ	$[\mathrm{N}/\mathrm{m}^2]$	Schubspannung
Φ	[J]	Dissipation
ζ	$[-]$	Widerstandszahl
∇	$[-]$	Nabla-Operator

Indizes

0	Wand
1, 2, 3	Zustände 1, 2, 3
inf	in unendlichem Abstand
L	Luft
m	Mittelwert
max	maximal
w	Wand
x	Komponente in x-Richtung
y	Komponente in y-Richtung
z	Komponente in z-Richtung

Besondere Zeichen

(1.1) Zahlen in runden Klammern bedeuten Gleichungsnummern. Die erste Zahl gibt die Kapitelnummer an.

[1] Zahlen in eckigen Klammern verweisen auf das Literaturverzeichnis am Schluss der Arbeit.

Kapitel 1

Einleitung

Everything should be made as simple as possible -
but not simpler.
Albert Einstein

Das Ansehen einer Fluggesellschaft bei Ihren Kunden und die Zufriedenheit der Passagiere sind eng mit dem Kabinenkomfort verbunden. Fluggesellschaften fragen daher immer öfter nach einer individuellen Kabinengestaltung. Durch unterschiedliche Platzierung von Einbauten verändern sich die Luftströmungen in der Kabine. Um Passagieren und Crew hohen Komfort an Bord zu verschaffen, welcher massgeblich durch Temperatur und Luftgeschwindigkeit beeinflusst wird, müssen Luftführung und Klimaregelung angepasst werden.

Aufgrund der Vielzahl der Gestaltungsmöglichkeiten und des experimentellen Aufwands ist es nicht mehr möglich, für jede Konfiguration Versuche durchzuführen. Durch eine Simulation kann man voraussagen, wie die Strömung in der Kabine verlaufen wird. Dies kann spätere Nachbesserungen vermeiden helfen.

Sowohl die Kabine als auch das gesamte Zu- und Abluftsystem innerhalb einer CFD-Simulationsumgebung zu modellieren scheidet aufgrund des extrem hohen Rechenaufwandes aus, eine solche Genauigkeit ist in der Regel auch nicht erforderlich. Die Strömung im Rohrnetz kann ausreichend genau mit einer 1D-Simulation abgebildet werden. Der Verlauf in der Kabine muss dagegen sehr exakt simuliert werden können, die Kabine wird daher mit einer 3D-Simulation abgebildet. Eine dynamische Kopplung der beiden Simulationen ermöglicht es, Wechselwirkungen zu berücksichtigen und auch dynamische Vorgänge zu berechnen. Eine funktionierende Kopplung würde auch eine Bauteilanalyse mit einem CFD-Programm innerhalb des Belüftungssystems selbst ermöglichen, um einzelne Bauteile zu optimieren. Die Realisierung einer solchen Kopplung ist das Ziel des Projektes AMoCaF: Accurate Modeling of Cabin Flow, eine Zusammenarbeit von Airbus Deutschland mit dem DLR Göttingen, dem Hermann-Rietschel-Institut der TU Berlin und dem Institut Thermofluiddynamik der TU Hamburg-Harburg.

Der Wunsch nach dynamischer Kopplung von 1D/3D-Simulationen gab es im Bereich der Motorsimulation bereits in den 90igern, aufgrund mangelnder Hardware-Leistungen ließ sich eine Kopplung aber noch nicht realisieren. Die Berechnungen wurden getrennt durchgeführt, um die Ergebnisse für eine weitere Berechnung manuell zu übertragen. Das manuelle Übertragen ist sehr aufwändig, daher wurden Iterationen frühzeitig abgebrochen und die dadurch entstehenden systematischen Fehler in Kauf genommen [7].

Heutzutage ist die 1D/3D-Kopplung in der Autoindustrie bei der Motorenentwicklung und auch in anderen Bereichen aufgrund der stark angestiegenen Rechenleistung weit verbreitet. Es existieren daher bereits mehrere Kopplungsrogramme und Kopplungsmöglichkeiten, deren Verwendung jedoch häufig auf die Simulation im Motorenbereich beschränkt ist.

Ziel dieser Arbeit ist es, erstmals einen Überblick über derzeit verfügbaren Kopplungsprogramme zu geben sowie eine Übersicht über bereits realisierte 1D/3D-Co-Simulationen. Dabei werden die theoretischen Möglichkeiten für eine Realisierung der Kopplung aufgezeigt und miteinander verglichen.

In dieser Arbeit werden zunächst die strömungsmechanischen Grundgleichungen, auf denen die Berechnungsalgorithmen für die Simulationen basieren, vorgestellt. Dabei werden auch die Besonderheiten von turbulenten Rohrströmungen und der Stromfadentheorie erläutert. Im Kapitel Simulation und Kopplung wird dann mit einigen Begriffsdefinitionen die Basis für eine einheitliche Sprache gelegt. Es folgt eine kurze Vorstellung der 1D- und 3D-Simulation, beispielhaft werden dabei jeweils die Simulationsprogramme vorgestellt, die auch im AMoCaF-Projekt verwendet werden sollen. Anschließend wird der Frage nachgegangen, welche Möglichkeiten für die Umsetzung einer Kopplung existieren. Dabei werden auch die Besonderheiten einer 1D/3D-Co-Simulation betrachtet.

Im Mittelpunkt des vierten Kapitels steht die Darstellung der bereits existierenden Kopplungsprogramme. Neben den technischen Details der Programme werden auch bereits mit ihnen realisierte 1D/3D-Co-Simulationen vorgestellt. Zum Abschluss wird ein Fazit gezogen, welche Möglichkeit sich für die Realisierung eignet und ein Ausblick auf zukünftige Untersuchungen gegeben.

Auf der beiliegenden CD findet man einen Großteil der Artikel, auf denen diese Arbeit basiert. In elektronischer Form sind sämtliche Quellen aus dem Internet mit einem Link versehen, gekennzeichnet durch einen hellblauen Kasten. Durch Klicken wird man automatisch auf die Seite geleitet.

Kapitel 2

Strömungsmechanische Grundlagen

2.1 Grundgleichungen

Das Verhalten eines Fluids lässt sich mit den *Grundgleichungen der Strömungsmechanik*[11] beschreiben. es handelt sich dabei um Bilanzen in Bezug auf einen in der Regel ortsfesten inifinitesimalen Kontrollraum.

Zu den Grundgleichungen zählen die Kontinuitätsgleichung oder Massenerhaltungsgleichung:

$$\frac{D\rho}{Dt} + \rho \nabla \vec{v} = 0, \tag{2.1}$$

die Impulserhaltungsgleichungen:

$$\rho \frac{Du}{Dt} = f_x - \frac{\partial p}{\partial x} + \left(\frac{\partial \tau_{xx}}{\partial x} + \frac{\partial \tau_{yz}}{\partial y} + \frac{\partial \tau_{zx}}{\partial z}\right), \tag{2.2}$$

$$\rho \frac{Dv}{Dt} = f_y - \frac{\partial p}{\partial y} + \left(\frac{\partial \tau_{xy}}{\partial x} + \frac{\partial \tau_{yy}}{\partial y} + \frac{\partial \tau_{zy}}{\partial z}\right), \tag{2.3}$$

$$\rho \frac{Dw}{Dt} = f_z - \frac{\partial p}{\partial z} + \left(\frac{\partial \tau_{xz}}{\partial x} + \frac{\partial \tau_{yz}}{\partial y} + \frac{\partial \tau_{zz}}{\partial z}\right) \tag{2.4}$$

und die Energieerhaltungsgleichung:

$$\rho \frac{DH}{Dt} = -\left(\frac{\partial q_x}{\partial x} + \frac{\partial q_y}{\partial y} + \frac{\partial q_z}{\partial z}\right) + \vec{v} \cdot \vec{f} + \frac{\partial p}{\partial t} + D. \tag{2.5}$$

$\frac{D}{Dt}$ steht dabei für die Summe aus lokaler und konvektiver Ableitung:

$$\frac{D}{Dt} = \frac{\partial}{\partial t} + u\frac{\partial}{\partial x} + v\frac{\partial}{\partial y} + w\frac{\partial}{\partial z}. \tag{2.6}$$

Um die allgemein gültigen Bilanzgleichungen für ein Fluid anzuwenden, müssen dessen Eigenschaften zusätzlich durch konstitutive Gleichungen beschrieben werden. Luft ist beispielsweise ein Newtonsches Fluid, daher gelten folgende Eigenschaften:

- symmetrischer Spannungstensor,

- isotrop,
- linearer Zusammenhang zwischen Verformungsgeschwindigkeit und Spannungen.

Für die aufgrund des Geschwindigkeitsfeldes entstehenden Spannungen gelten für ein Newtonsches Fluid folgende Gleichung:

$$\tau = \eta \cdot (2 \cdot \dot{\varepsilon} - \frac{2}{3} \cdot \delta \cdot div\vec{v}) \tag{2.7}$$

Setzt man (2.7) in die Gleichungen (2.2)-(2.4) ein, so erhält man die Navier-Stokes-Gleichungen.

Luft ist kompressibel, die Dichte ist eine Funktion der Temperatur und des Drucks. Betrachtet man Luft als ideales Gas, so ergibt sich mit der thermischen Zustandsgleichung für die Dichte

$$\rho = \frac{p_L}{R_L \cdot T}. \tag{2.8}$$

Daraus folgt eine Kopplung der Energiegleichung mit den Navier-Stokes-Gleichungen zu einem nichtlinearem System von Differentialgleichungen. Dieses Gleichungssystem kann in der überwiegenden Anzahl der Fälle ingenieursmäßiger Anwendungen nicht analytisch gelöst werden. Für die Differenzialgleichungen gelten folgende Randbedingungen:

- tangentiale Geschwindigkeit des Fluids ist gleich der tangentialen Geschwindigkeit der Wand (Haftbedingung)
- kein Temperatursprung zwischen Wand und Fluid

2.2 Reynoldszahl

Bei der Reynoldszahl Re handelt es sich um eine dimensionslose Kennzahl, die innerhalb einer Strömung das Verhältnis der Trägheitskräfte zu den Scherreibungskräften im Fluid beschreibt. Liegt der Wert dieser Zahl über der kritischen Reynoldszahl für den vorliegenden Strömungsfall, kann man davon ausgehen, dass es sich um eine turbulente Strömung handelt. Für Rohrströmungen beispielsweise liegt diese kritische Reynolds-Zahl bei 2300 [11]. Die Kennzahl berechnet sich aus der Geschwindigkeit, einer charakteristischen Länge und der kinetischen Viskosität.

$$Re = \frac{w \cdot L}{\nu} \tag{2.9}$$

Für die charakteristische Länge L setzt man bei Rohren oder Kanälen den hydraulischen Durchmesser ein. Aus dem Volumenstrom und der Querschnittsfläche ergibt sich die mittlere Geschwindigkeit der Luft:

$$w = \frac{\dot{V}}{A}. \tag{2.10}$$

Aufgrund der bei technischen Anlagen üblichen Strömungsgeschwindigkeiten wird im Weiteren von turbulenten Strömungen ausgegangen.

2.3 Turbulente Strömungen

Eine turbulente Strömung ist durch die starken zeitlichen und räumlichen Schwankungen ihrer Strömungsgrößen (Geschwindigkeiten, Druck, Temperaturen) gekennzeichnet. Die zeitabhängigen Größen werden zur Vereinfachung durch eine Zerlegung in einen zeitlichen Mittelwert $\bar{a}$ und eine zeitabhängige Schwankungsgröße a' dargestellt:

$$a = \bar{a} + a'. \tag{2.11}$$

Mit dieser Zerlegung können ausreichend genaue Ergebnisse erzielt werden. Setzt man diese auch als momentane Größen bezeichneten Werte in die Naver-Stokes-Gleichungen ein, so erhält man die Reynoldsgleichungen. In den Reynoldsgleichungen tauchen dabei zusätzlich zeitliche Mittelwerte von Produkten zweier Schwankungsgrößen in der Form $\overline{a'b'}$ auf. Für diese zusätzlichen unbekannten Terme sind weitere Gleichungen erforderlich, in denen aber wiederum weitere Unbekannte auftauchen. Dies bezeichnet man auch als Schließungsproblem. Damit die Anzahl der Unbekannten der Anzahl der Gleichungen entspricht, ist eine Modellierung der Turbulenz erforderlich. Ein weit verbreitetes Turbulenz-Modell ist das k-ϵ-Modell, das aus zwei Differenzialgleichungen besteht. k bezeichnet die kinetische Energie der Schwankungsbewegung und berechnet sich aus den Schwankungen der drei Geschwindigkeitskomponenten

$$k = \overline{u'^2} + \overline{v'^2} + \overline{w'^2}. \tag{2.12}$$

ε steht für eine turbulente Dissipationsrate. Daraus lässt sich die kinematische Wirbelviskosität ν_t berechnen

$$\nu_t = C_\mu \frac{k^2}{\varepsilon}. \tag{2.13}$$

Die Konstanten für die Gleichungen bestimmt man experimentell [6], [11].

2.4 Turbulente Durchströmungen

Turbulente Durchströmungen sind ein Sonderfall von Strömungen, da sie nur im Einlaufbereich Grenzschichtcharakter besitzen. Man kann also die Strömung anders als bei Umströmungen nicht in einen reibungsfreien, wandfernen Bereich und einem stark reibungsbehaftetem wandnahen Teil unterteilen und diese getrennt behandeln. In einem Rohr oder Kanal mit gleichbleibender Geometrie ist bei konstanter Dichte weit stromabwärts eine „ausgebildete Strömung“ zu erwarten. Ausgebildet bedeutet in diesem Fall, dass eine Variation des Geschwindigkeitsprofils nur über dem Querschnitt auftritt. In Strömungsrichtung bleibt das Profil unverändert [11]:

$$\frac{\partial \bar{u}}{\partial x} = 0 \tag{2.14}$$

Die maximale Geschwindigkeit u_{max} ist etwa um den Faktor 1,2 größer als die durchflussäquivalente Geschwindigkeit $u_m = \frac{\dot{m}}{A\rho}$, die sich ergibt, wenn man eine konstante Geschwindigkeit über das gesamte Profil annimmt. Für das Profil einer turbulenten Strömung haben Prandtl und

Nikuradse folgenden Zusammenhang gefunden:

$$u(r) = Ku_m(1 - \frac{r}{r_0})^n \tag{2.15}$$

K ist eine Konstante, die sich aus dem Exponenten n wie folgt bestimmen lässt:

$$K = \frac{1}{2}(n+1)(n+2) \tag{2.16}$$

n ist eine Funktion der Re-Zahl und muss experimentell bestimmt werden.

2.4.1 Wandschubspannung

Die Haftbedingung (s. o.) führt dazu, dass zwischen Wand und der angrenzenden Strömung eine Schubspannung, die sogenannte Wandschubspannung τ_w übertragen wird. Diese führt zu einem Reibungswiderstand. Für Newtonsche Fluide gilt an der Wand

$$\tau_w = \eta \frac{\partial u}{\partial n} \tag{2.17}$$

Bei ausgebildeter Durchströmung ist die Wandschubspannung τ_w proportional zum Druckgradienten. Für die Rohrreibungszahl λ folgt damit

$$\sqrt{\frac{8}{\lambda}} = \frac{1}{\kappa}\ln(\frac{1}{4}Re\sqrt{\frac{\lambda}{8}}) + C^+ + \overline{C} + \overline{\overline{C}} \tag{2.18}$$

Die Wandschichtkonstante C^+ berücksichtigt den Einfluss der Wandrauigkeit, für eine hydraulisch glatte Wand gilt $C^+ = 5$. $\overline{C}$ und $\overline{\overline{C}}$ sind Kernschichtkonstanten, die experimentell oder durch eine Turbulenzmodellierung bestimmt werden. Sie sind ein Maß für die Abweichung des Geschwindigkeitsverlaufs in der Kernschicht vom logarithmischen Verlauf. Die Rohrreibungszahl λ erlaubt die Berechnung des Druckverlustes im Rohr aufgrund von Reibung an den Rohrwänden. Sie ist in (2.18) nur implizit gegeben. In [11] finden sich mehrere Formeln, um mit der Reynolds-Zahl einen Wert für die Rohrreibungszahl abzuschätzen. Welche Formel zur Anwendung kommt, hängt von dem Wert der Reynolds-Zahl und der Rauigkeit der Wand ab.

Die Rohre eines Lüftungssystems können als hydraulisch glatt betrachtet werden, d. h. die laminare Grenzschicht der Strömung hüllt die Unebenheiten der Wand vollständig ein. Für hydraulisch glatte Rohre gelten dann folgende Gleichungen:

$$Blasius: \lambda = \frac{0{,}316}{\sqrt[4]{Re}}, \qquad 2300 < Re < 10^5 \tag{2.19}$$

$$Prandtl: \frac{1}{\sqrt{\lambda}} = 2 \cdot log(Re \cdot \sqrt{\lambda}) - 0{,}8 \qquad 10^5 < Re < 10^7 \tag{2.20}$$

Aus λ lässt sich der Widerstandsbeiwert ζ berechnen:

$$\zeta = \lambda \cdot \frac{L}{d}. \tag{2.21}$$

Sind ein Rohr oder ein Kanal gekrümmt, ändert sich die Flussrichtung ständig, das Geschwindigkeitsprofil verformt sich. Die Reibungsverluste sind damit höher als für ein gerades Rohr. Ist das Verhältnis von Rohrradius zum Kurvenradius kleiner als 0,002, dann ist der Einfluss vernachlässigbar. Bei starker Krümmung kann es zum Strömungsabriss und Wirbelbildung kommen.

2.4.2 Einlauflänge

Als Einlauflänge wird der Abstand vom Einlass bezeichnet, ab dem das Strömungsprofil als ausgebildet bezeichnet werden kann. Bei turbulenten Durchströmungen sind die Einlauflängen wesentlich kürzer als bei laminaren Strömungen, da sie einen höhern Impulsaustausch in Querrichtung haben. Sie hängt stark von der Definition des „ausgebildeten Zustands" ab (Verhältnis $\frac{u}{u_{max}}$). Als eine Näherung für die Einlauflänge L_{hyd} wird in [11] folgende Gleichung angegeben:

$$L_{hyd} = \frac{u_m \cdot L_B}{\kappa u_{\tau \inf}} \tag{2.22}$$

Damit ergeben sich für Reynoldszahlen zwischen 10^4 bis 10^5 Einlauflängen von etwa 50 Radien für ein Rohr mit kreisförmigen Querschnitt was z. B. für einen Durchmesser von 10cm eine Einlauflänge von 2,50m ergibt. Für schärfere Kriterien (andere Definitionen) des ausgebildeten Zustands können sich aber auch wesentlich höhere Einlauflängen ergeben.

2.5 Stromfadentheorie

Ein Stromfaden ist ein Teil eines Strömungsfeldes, der eine Linie umschließt und den infinitesimalen Querschnitt dA besitzt. Zustandsänderungen finden nur längs der Strömungsrichtung statt. Eine Stromröhre ist ein Stromfaden mit endlichem Querschnitt, also eine eindimensionale Strömung. Das Modell des Stromfadens wird z. B. zur Modellierung von Rohrströmungen verwandt. Dabei werden die Größen über dem Querschnitt gemittelt und als konstant angesehen. Man erhält ein sogenanntes Pfropfenprofil wie Abbildung 2.1 zeigt. Für eine turbulente Durchströmung ist dies eine recht gute Näherung, da deren Profil wenig von der Pfropfenform abweicht. Voraussetzung für die Anwendung der Stromfadentheorie ist eine stationäre Strömung, d. h. $\frac{\partial}{\partial t} = 0$

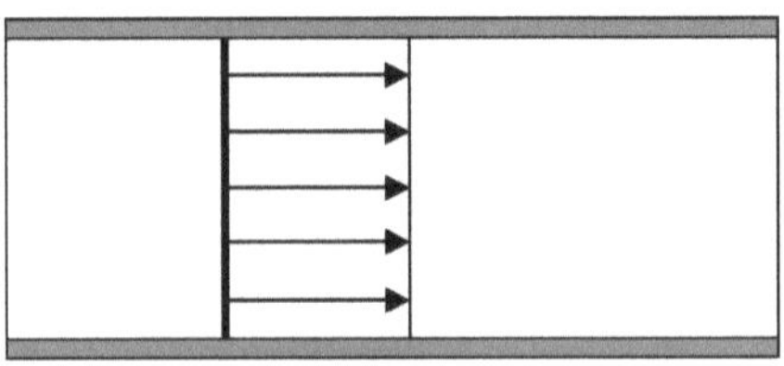

Abbildung 2.1: Pfropfenprofil

Bildet man nun die Bilanz zwischen zwei Punkten eines Stromfadens, ergibt sich die erweiterte

Bernoulli-Gleichung:

$$(\frac{\rho}{2}\cdot w_2^2+p_2+\rho\cdot g\cdot z_2)-(\frac{\rho}{2}\cdot w_1^2+p_1+\rho\cdot g\cdot z_1)=W_{12}-\Phi_{12} \tag{2.23}$$

Für ρ,u und p sind die zeitgemittelten Größen einzusetzen [11]. Die Dissipation längs des Stromfadens Φ_{12} berechnet sich aus dem Widerstandsbeiwert ζ, der Geschwindigkeit u und der Dichte ρ

$$\Phi_{12}=\rho\zeta\cdot\frac{u^2}{2}. \tag{2.24}$$

Singuläre Verluste durch Abzweigungen, plötzliche Querschnittserweiterungen/-verengungen oder ähnliches können durch empirisch ermittelte Widerstandsbeiwerte berücksichtigt werden, die z. B. aus [28] entnommen werden können. Diese Werte gelten allerdings in der Regel nur für ausgebildete Anströmungen, bei nicht ausgebildeten Strömungen sind die Druckverluste in der Regel höher.

Sind für einen Punkt des Stromfadens Druck und Geschwindigkeit bekannt, so lassen sich diese Werte mit (2.23), (2.1) und (2.24) für andere Punkte bestimmen.

Kapitel 3

Simulation und Kopplung

3.1 Simulation

In diesem Abschnitt sollen zunächst einige Begriffe definiert werden, um eine einheitliche Sprache zu gewährleisten. Die Definitionen sind dabei weitgehend aus [15] übernommen.

System: Ein System ist ein Objekt oder eine Gruppe von Objekten, die man mit einem Modell untersuchen möchte.

Experiment: Unter einem Experiment versteht man Versuche an einem realen System oder Modell. Während eines Experiments werden Umgebungsvariablen, die Einfluss auf das Systemverhalten haben, variiert. Für bestimmte Systeme kann es möglich sein, dass Experimente nicht oder nur schwer durchführbar sind. Dies kann sowohl daran liegen, dass die Durchführung zu gefährlich oder zu teuer ist, als auch daran, dass man keinen Einfluss auf Umgebungsvariablen ausüben kann oder diese nicht messbar sind.

Modell: Ein Modell kann mental, verbal, physikalisch oder mathematisch (repräsentiert durch Gleichungen, Funktionen und Computerprogramme) sein. Es dient dazu, Experimente durchzuführen, um Antworten auf Fragen zum System zu bekommen. Die Ausgestaltung des Modells ist abhängig von den Effekten, die man studieren will (z. B. 1D, 3D). Für ein gutes Modell, d. h. dass das Modell das Systemverhalten realitätsgetreu nachbildet, sind gute Kenntnisse des Systems und der Modellbildung nötig. Da dies sehr hohe Anforderungen an den Erschaffer des Modells stellt, existieren zahlreiche Simulationsumgebungen, die einen Benutzer bei dieser Arbeit unterstützen sollen.

Simulation: Eine Simulation ist ein Experiment an einem Modell. Es handelt sich dabei immer um eine Vereinfachung der Realität, dies ermöglicht die Konzentration auf die relevanten Effekte. So kann bei einem rein mathematischen Modell kein Messrauschen auftreten und aufgrund der Modellierung können Schwingungen höherer Ordnung vernachlässigt werden. Simulationen führen zu kürzeren Entwicklungszeiten. Designvarianten lassen sich im Voraus auf ihren Einfluss auf Variablen untersuchen. Man erhält eine direkte Rückmeldung auf Änderungen am Design. Bei der Umsetzung der Simulation muss man zwischen Rechenaufwand und Genauigkeit abwägen. Im Laufe der Entwicklung eines Produktes werden in der Regel mehrere Modelle mit unterschiedlichem Detaillierungsgrad eingesetzt.

Simulationsprogramm: Ein Simulationsprogramm besteht in der Regel aus mehreren Teilen.

Auf einer grafischen Oberfläche/Editor kann der Benutzer ein Modell erstellen und Startwerte vorgeben. Ein interner Übersetzer erstellt aus diesem grafischen Modell ein Gleichungssystem (mathematisches Modell). Dieses wird anschließend von einem Lösungsalgorithmus gelöst und die Ergebnisse in einer Datei gespeichert. Viele Simulationsprogramme bieten die Möglichkeit, die Ergebnisse anschließend grafisch auszuwerten. Da die Anforderungen an ein Simulationsprogramm sehr hoch sind, gibt es eine große Anzahl von ihnen, die zum Teil sehr stark spezialisiert sind. Die Modelle, Daten und Lösungs-Methoden variieren sehr stark mit der Anwendung, daher gibt es bisher keine universellen Standardprogramme für sämtliche Simualtionszwecke[24].

Zeitschrittweite (timestep): Mit Zeitschrittweite ist die Schrittweite der Zeit für die Diskretisierung bei der numerischen Simulation gemeint. Die Zeitschrittweite hängt von dem verwendeten Algorithmus ab und hat großen Einfluss auf die Stabilität. Während eines Zeitschrittes werden die Randbedingungen konstant gehalten und eine Lösung für diese Randwerte berechnet.

Kommunikationsschrittweite: Die Kommunikationsschrittweite ist der zeitliche Abstand zwischen zwei Datenaustauschvorgängen bei einer gekoppelten Simulation.

3.2 1D-Strömungssimulation

Der Modellierung liegt die Stromfadentheorie (s. Abschnitt 2.5) zugrunde, es wird also ein konstantes Pfropfenströmungsprofil über den Querschnitt verwendet. Die Programme, die überwiegend diesen Modellierungsansatz verwenden, werden häufig auch als Systemsimulationsprogramme bezeichnet. Da die Modelle einfach gehalten sind, kann das ganze Systeme abgebildet werden ohne hohe Rechenzeiten. Eine 1D-Berechnung ist bereits ganz am Anfang der Systementwicklung möglich, auch wenn noch keine CAD-Modelle der verwendeten Bauteile vorhanden sind.

Systemsimulationsprogramme enthalten Module zur Berücksichtigung von Unstetigkeitsstellen, es sind aber keine realitätsnahen Abbildungen der tatsächlichen 3D-Effekte möglich wie z. B. lokale Turbulenzen, Freistrahlen in Räumen etc. Zum Annähern der 3D-Strömungseffekte sind bei manchen Systemsimulationsprogrammen für jedes Bauteil empirische Daten hinterlegt, diese werden allerdings in der Regel nur für voll ausgebildete Strömungen ermittelt. Bei einer inhomogenen Anströmung können daher Abweichungen zwischen Simulation und Messung auftreten [12].

Bekannte Vertreter von Systemsimulationsprogrammen sind z. B. Flowmaster und AMESim. Bei dem für die 1D/3D-Kopplung vorgesehenen Simulationstool handelt es sich um die Software Dymola(Dynamic Modeling Laboratory) [36]. Hierin kommt die objektorientierte Modellierungssprache Modelica zum Einsatz [37].

Modelica

Modelica ist eine objekt-orientierte Modelliersprache. Modelica wird seit 1996 von der Modelica Association entwickelt [33]. Mit Modelica lassen sich Modelle für viele Bereiche erstellen (elektrisch, mechanisch, hydraulisch, klimatechnisch), sie eignet sich besonders für die Modellierung großer komplexer heterogener Systeme. In Standardbibliotheken findet der Anwender häufig verwendete Komponenten wie Wärmequellen oder Kontrollvolumina, die bereits mit passenden Schnittstellen ausgestattet sind und von ihm übernommen werden können. Aufgrund der Vererbung lassen sich komfortabel neue Komponenten erzeugen, die Eigenschaften von anderen Komponenten-Klassen übernehmen können.

Die Sprachspezifikation und viele Modellbibliotheken sind frei erhältlich; es existieren aber auch kommerzielle Bibliotheken. Aufgrund der nicht-kausalen Modellierung ist es nicht erforderlich, Variablen zu sortieren. Alle Gleichungen werden gleichzeitig gelöst, die Reihenfolge der Gleichungen ist hierbei unwichtig. Verknüpfungsgleichungen zwischen einzelnen Elementen werden automatisch durch die `connect`-Funktion erzeugt [25].
Mit Modelica lassen sich hybride Algebrodifferenzialgleichungssysteme (ADGL) beschreiben. Ein solches System besteht aus folgenden Gleichungstypen [26]:

- Gewöhnliche Differenzialgleichungen,
- Lineare und nichtlineare algebraische Gleichungen,
- Ereignisgleichungen mit diskreten Variablen, die nur durch ein Ereignis verändert werden können.

Modelica unterstützt die Arbeit in großen Teams durch die objektorientierte Technik. Diese erfordert allerdings eine gute Ausbildung der Mitarbeiter, um die Wiederverwendbarkeit der Modelle zu gewährleisten.

Dymola

Für die Verwendung von Modelica benötigt man eine Simulationsumgebung wie z. B. Dymola, das von der schwedischen Firma Dynasim angeboten wird [36]. Die Simulationsumgebung erfüllt mehrere Aufgaben:

- Bereitstellen einer grafischen Benutzeroberfläche (GUI), auf der Modelle aggregiert werden können
- Bereitstellen eines Editors zur Modellbildung
- Überführen des Modelica-Codes in ein für den Dymola-Solver optimiertes Gleichungssystem
- Simulation des übersetzten Modells mit herkömmlichen nummerischen Methoden und Visualisierung der Ergebnisse

Abbildung 3.1 zeigt ein Beispiel eines Modelica-Modells in Dymola.

3.3 CFD - Computational Fluid Dynamics

Die CFD-Methode löst die in Abschnitt 2.1 beschriebenen Differentialgleichungen für die Erhaltung von Masse und Impuls, indem der zu untersuchende kontinuierliche Bereich diskretisiert wird. Eine Lösung wird nur für die Gitterpunkte bestimmt. Werte für Punkte dazwischen

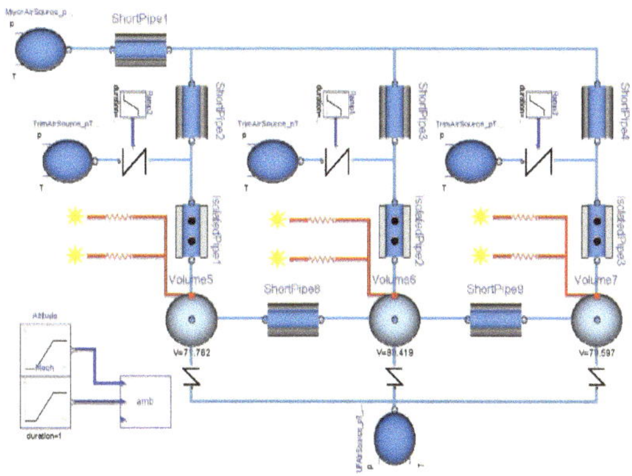

Abbildung 3.1: Dymola/Modelica - Modell

werden mittels Interpolation berechnet. Ein CFD-Programm muss Werte für Millionen Unbekannte bestimmen. Eine Strömungssimulation mit einem CFD-Programm ist in drei Schritte gegliedert:

- Pre-Processing: Erzeugen des Rechengitters und Definieren der Randbedingungen
- Numerische Lösung der partiellen Differenzialgleichungen, die das vorliegende Phänomen beschreiben
- Post-Processing: Nachbearbeitung und Aufbereitung der Ergebnisse, Erstellen von leicht verständlichen Grafiken und Animationen [2]

Die Erstellung des Rechengitters ist dabei besonders aufwändig. Die Übernahme von geometrischen Daten aus CAD-Programmen ist mittlerweile in vielen Fällen möglich und vereinfacht das Pre-Processing erheblich. Dies erfordert aber eine Aufbereitung der CAD-Daten: Das Schließen von offenen Oberflächen und das Entfernen von unnötigen Details und Oberflächendetails. Abbildung 3.2 zeigt dies beispielhaft für das Innere einer Flugzeugkabine. Die Genauig-

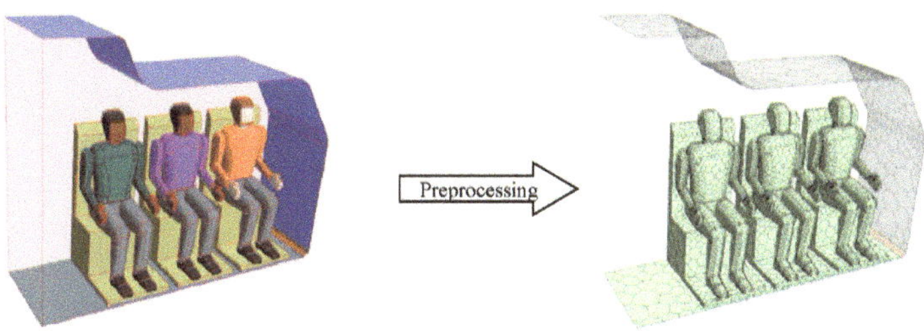

Abbildung 3.2: Preprocessing für eine Flugzeugkabine [38]

keit der Berechnung hängt von der Anzahl der verwendeten Elemente ab (Feinheit des Gitters), was wiederum großen Einfluss auf die Berechnungszeiten hat. Es muss daher genau überlegt werden, welcher Bereich wie genau modelliert werden soll. Je kleiner die untersuchten Zellen werden, desto kleiner muss auch die Zeitschrittweite werden, um eine ausreichende Rechengenauigkeit der Diskretisierung und numerische Stabilität zu erhalten. Die zulässige Größe der Zeitschrittweite hängt vom vorliegendem Problem und dem verwendeten Lösungsalgorithmus ab.

Je nach Anwendungsfall werden noch weitere Gleichungen (Turbulenz, Verbrennung, Strahlung oder Zwei-Phasen-Modelle) betrachtet. Mittels vom Benutzer definierten Funktionen (User Defined Functions) können zudem bei CFD-Programmen die Auswertung beliebiger Eingangsdaten für Randbedingungen sowie die Ausgabe von berechneten Größen durchgeführt werden.

Mit Hilfe von heutiger CFD-Software lassen sich bereits mit geringem Aufwand aus Simulationsergebnissen eindrucksvolle bunte Bilder erzeugen. Ironischerweise kann man CFD auch mit „Coloured Fluid Dynamics" übersetzen. Ob die Ergebnisse mit den tatsächlichen Strömungsverhältnissen übereinstimmen, muss sorgfältig überprüft werden. Bei den Ergebnissen handelt es sich nur um die „numerische Aproximation einer analytisch formulierten Modellvorstellung der realen Situation" [11]. Ergebnisse von CFD-Simulation sind als zeitgemittelte Lösungen zu verstehen. Beim Vergleich der Simulationsergebnisse mit Geschwindigkeitsfeldmessungen (Verifikation) muss berücksichtigt werden, dass lokale zeitliche Schwankungen bei der Simulation mitunter nicht aufgelöst werden können.

Die CFD-Methode eignet sich gut für detaillierte Untersuchungen einer Komponente und ihres Designs. 3D-Strömungseffekte werden voll berücksichtigt und ermöglichen so eine genaue Analyse eines Bauteils. Um ein großes System zu untersuchen, ist die Anwendung sorgfältig zu prüfen, da die Modelle so groß sind, dass die Rechenzeit mehrere Tage oder im ungünstigsten Fall theoretisch sogar Jahre betragen kann. Für die Berechnung kanalartiger Gebilde wird daher die 1D-Rechnung bevorzugt. Zu den wichtigsten kommerziellen CFD-Simulationsprogrammen gehören z. B. StarCD (CD Adapco), CFX (Ansys) und Fluent (Ansys). Es gibt auch frei verfügbare openSource-CFD Codes. Eine ausführliche Liste findet man bei [39] Welches Programm für das zu untersuchende System geeignet ist, sollte man vorher sorgfältig prüfen [2].

Star-CD

Das für das Projekt AMoCaF verwendete CFD-Tool heißt Star-CD und ist ein auf der Finite-Volumen-Methode basiertes CFD-Programmpaket von CD adapco. Star-CD besteht aus dem Hauptprogramm STAR und dem Pre- und Postprocessor PROSTAR. Für die Berechnung der Gleichungen wird ein unstrukturiertes Gitter verwendet [32]. Dies ermöglicht zahlreiche Zellformen und eine gute Anpassung an beliebige Geometrien, welche auch aus CAD-Programmen eingelesen werden können. Mit der Erweiterung STAR-Design oder STAR-CAD ist eine automatische Vernetzung für die CAD-Daten möglich. Für stationäre und transiente Berechnungen stehen mehrere Algorithmen (SIMPLE, PISO, SIMPISO) zur Verfügung, deren Verwendung von der zu untersuchenden Strömung abhängt. Für die Turbulenzmodellierung steht das k-ϵ-Modell, ein RNG-Modell und LES zur Verfügung. Star-CD ist für folgende Anwendungen einsetzbar:

- kompressible Fluide,

- konvektive und konduktive Wärmeübertragung,
- Wärmeübertragung aufgrund von Strahlung (auch solar),
- mehrphasige Strömungsprobleme, auch mit chemischen Reaktionen.

STAR lässt sich durch FORTRAN-Unterprogramme (User subroutines/functions) erweitern. Mit diesen Unterprogrammen können Randbedingungen oder Stoffeigenschaften verändert werden. Auch die Ausgabe von Ergebnissen und das Starten anderer Programme ist möglich. Sie müssen aber in der Regel vom Benutzer selbst erstellt werden [32], [2], [13].

3.4 Kopplung

Mit Kopplung wird der Austausch von Daten zwischen zwei oder mehr Simulationsprogrammen bezeichnet. Gekoppelte Simulationen sollen eine umfassendere und genauere Betrachtung des modellierten Systems ermöglichen. Das Ergebnis dieser fortschrittlichen Technik ist eine höhere Qualität der Voraussage. Die Kopplung von Simulationen gestattet eine unterschiedliche Abbildungstiefe und die Zusammenarbeit von Simulationsprogrammen verschiedener Hersteller [26]. Dadurch bleibt vorhandenes Wissen erhalten und kann weiter genutzt werden. Man kann die Kopplung dynamisch durchführen, dabei erfolgt der Austausch von Daten während der Laufzeit. Bei einer statischen Kopplung werden lediglich die Anfangsbedingungen aus einer anderen Berechnung übernommen, während der Laufzeit werden keine Daten übertragen. Im Folgenden wird nur die dynamische Kopplung betrachtet, da nur diese Umsetzung auch die Simulation transienter Vorgänge erlaubt.
In [5] werden drei Möglichkeiten für die Realisierung einer dynamischen Kopplung beschrieben:

- Integration in einem Simulationsprogramm
- direkte Vernetzung über Schnittstellen in den Simulationsprogrammen,
- indirekte Vernetzung über ein Steuerungsprogramm.

Abbildung 3.3 zeigt die drei Realisierungsmöglichkeiten schematisch. In der ersten Variante wird ein monolithischer Ansatz gewählt. Diese Art der Kopplung wird auch als starke Kopplung ([15]: tight) bezeichnet. Desweiteren wird hierfür der Begriff Sprachstandardisierung verwendet, da alle Modelle in eine Simulationsumgebung exportiert werden und somit in der gleichen Sprache beschrieben werden [26]. Es wird nur ein einziger Lösungsalgorithmus genutzt, um die Simulation durchzuführen. Die Beschränkung auf einen Lösungsalgorithmus macht eine starke Kopplung robust und stabil. Die Realisierung wird in [15] als Einzelprozesslösung bezeichnet, da lediglich ein Lösungsalgorithmus verwendet wird.

Eine starke Kopplung ist schwer umzusetzen. Dies liegt vor allem daran, dass die verwendete Lösungsalgorithmen nicht auf die exportierten Modelle angewendet werden können. Auch die Tatsache, dass das Wissen über die jeweiligen Modelle in unterschiedlichen Unternehmensbereichen konzentriert ist, kann die Umsetzung einer Einzelprozesslösung erschweren. Meist ist die Mitarbeit der Programmentwickler erforderlich, da tiefe Eingriffe in die Programminterna

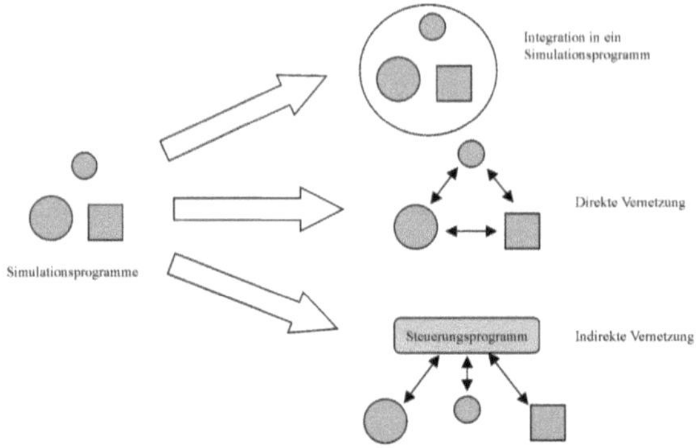

Abbildung 3.3: Realisierungsmöglichkeiten für eine Kopplung

nötig sind [23]. Wenn bisher unterschiedliche spezialisierte Simulationsprogramme verwendet wurden, ist eine Neuerstellung der Modelle erforderlich. Modelica/Dymola wird in [26] als ein Beispiel für die Umsetzung der Sprachstandardisierung vorgestellt. Für eine 1D/3D-Simulation ist bis jetzt keine Realisierung einer starken Kopplung bekannt, laut [26] ist dies derzeit auch noch nicht möglich.

In den beiden anderen Varianten wird jedes Modell weiterhin in der ursprünglichen Simulationsumgebung verwendet. Diese Art der Kopplung bezeichnet man als schwach. Sie ist besonders geeignet für stark spezialisierte Lösungsalgorithmen und/oder wenn sehr unterschiedliche Zeitschrittweiten in beiden Simulationen verwendet werden sollen. Die Vernetzung von zwei oder mehreren Programmen wird als 2-oder-mehr-Prozesslösung bezeichnet. Bei einer Co-Simulation, einem Sonderfall der schwachen Kopplung, tauschen zwei oder mehr Simulationssysteme nicht nur Daten aus sondern die Simulationen **parallel** zueinander ab [15].

Bei der Vernetzung können alle Möglichkeiten der verwendeten Simulationsumgebungen weiterhin genutzt werden. Der Benutzer kann die Modelle jederzeit ändern oder anpassen, und er muss keine neuen Modelle mit einem anderen Tool erstellen. Das Wissen der Anwender, der Softwarehersteller und der Modellersteller bleibt erhalten. Jedes Teilsystem kann mit dem jeweils am besten geeigneten Simulationsprogramm simuliert werden [26]. Der Datenaustausch erfolgt mit Mitteln der IPC (Inter Process Communication) z. B. CORBA [15]. Dabei können die Simulationsprogramme auf unterschiedlichen Plattformen (Windows, Unix) ausgeführt werden und in unterschiedlichen Programmiersprachen formuliert sein.

Eine Co-Simulation ist in vielen Fällen einfacher zu realisieren als die Einzelprozesslösung. Von Nachteil sind bei der Co-Simulation Leistungseinbußen durch die Datenübertragung. Darüber hinaus können infolge der Kopplung numerische Probleme auftreten, die Berechnung wird instabil.

Es drohen unzuverlässige Ergebnisse, wenn nicht besonders auf den Zeitabstand zwischen zwei Datenaustauschvorgängen Acht gegeben wird. Dabei kommt es auch darauf an, welche Variablen ausgetauscht werden sollen und was das andere Simulationsprogramm aus den Variablen berechnet. Die Instabilität wird durch die Diskretisierung eines eigentlich kontinuierlicher Prozesses hervorgerufen [15]. Es existieren bereits Methoden zur Stabilisierung, die diesen Effekten entgegenwirken sollen. Ihre Anwendbarkeit ist jedoch beschränkt, da Modelle oft nicht verändert werden können und die Lösungsalgorithmen in der Regel unveränderbarer Teil der Simulationsumgebung sind. Selbst die Anwendung dieser Methoden ist noch keine Garantie für Stabilität [15]. In [23] wird die Höhe der Änderungsgeschwindigkeit der Randbedingungen am Ein- und Austritt bei konstanter Zeitschrittweite als ein Maß für die Neigung zur Instabilität genannt.

Bei der direkten Vernetzung kommunizieren die Programme direkt miteinander. Eines der Programme agiert dabei als Master, das/die andere(n) als Slave. Das Masterprogramm wird als erstes gestartet und steuert den Ablauf der gekoppelten Simulation. Die direkte Vernetzung eignet sich nur, wenn wenige Simulationssysteme verbunden werden. Bei mehreren Simulationssystemen steigt die Anzahl der benötigten Schnittstellen schnell an und führt zu unübersichtlicher Kommunikation und hohem Programmieraufwand. Die Bedienung und die Synchronisierung der Daten wird schwierig [26].

Für die Kopplung mehrerer Simulationen bietet sich daher die indirekte Vernetzung an. Dafür ist allerdings eine Steuerungssoftware erforderlich und die Simulationsprogramme müssen sich von außerhalb aufrufen lassen. Die Simulationsprogramme kommunizieren nur mit dem Steuerungsprogramm und nicht untereinander. Diese Variante ist schneller und einfacher zu realisieren, da nicht in jedes Modell N Schnittstellen implementiert werden müssen, sondern jeweils nur eine zum Kopplungsprogramm. Dies kann zum Beispiel durch Code-Integration geschehen: Kopieren von vorgefertigten Codeabschnitten in bestehenden Programmcode.

Die Simulationsprogramme laufen gleichberechtigt nebeneinander, meist ist wenig Eingriff in Programminterna erforderlich. Die Realisierung erfolgt mit einer Client/Server-Struktur:
„Verteilung einer - in mehrere logische Softwareschichten (...) gegliederten - Anwendung auf ein Netzwerk, das aus vielen Clients mit mindestens einem Server besteht. In der Regel melden sich die Clients beim Server an. Während der gesamten Sitzung bleibt die Verbindung bestehen.“[3]
Die Programmierung des Steuerungsprogramms ist aufwändig, da unter anderem die nummerische Stabilität und eine gewisse Benutzerfreundlichkeit gewährleistet werden muss. Dafür bietet es Flexibilität auch für zukünftige Anwendungen, denn es lassen sich weitere Simulationsprogramme integrieren [5]. Wenn man eine indirekte Vernetzung wählt, muss das Steuerprogramm folgende Voraussetzungen erfüllen [5], [30]:

- Plattformunabhängigkeit in Bezug auf Betriebssystem und Programmiersprachen
- Ein- und Ausgangswerte von jedem Modul müssen dem Steuerprogramm bekannt sein
- Es muss die partiellen linearen Abhängigkeiten der Zustandsgrößen kennen
- Daten-“Lieferanten“ müssen eindeutig festgelegt werden
- Daten müssen mit Zeitstempel versehen werden können, damit keine veralteten Werte weitergegeben werden
- Der Code muss robust und stabil sein

3.5 Schnittstellen

In diesem Abschnitt erfolgt die Vorstellung einiger Schnittstellen, über die der Datenaustausch für eine Kopplung realisiert werden kann.

COM: Component Object Model ist Bestandteil der Windowsbetriebssysteme. Es erlaubt die Kommunikation der Windows-Programme untereinander, z. B. das Verlinken einer Excel-Tabelle in einem Worddokument [40] und ist dabei programmiersprachenunabhängig [3]. Alle übergebenen Daten müssen genau spezifiziert werden, dies erfordert viel Aufwand und ist eine Fehlerquelle. Dafür erhält man eine hohe Flexibilität,und die Anzahl an Daten, die ausgetauscht werden können, ist annähernd unbegrenzt [22].

API: Application Programming Interface ist eine Schnittstelle des Betriebssystems, über die Anwendungsprogramme Betriebssystemfunktionen aufrufen können [19].

MPI: Message Passing Interface erlaubt die Kommunikation zwischen zwei Prozessen, auch parallelen, indem es die Kommunikation unterteilt [1]. MPI eignet sich auch für Mehrprozessorsysteme mit verteiltem Speicher. Nachrichten können in beliebiger Reihenfolge eintreffen, da die Pufferverwaltung flexibel ist. MPI2 (eine Weiterentwicklung von MPI1) unterstützt zudem die parallele Ein- und Ausgabe [19].

CORBA: Common Object Request Broker Architecture wurde von der OMG (Object Management Group) entwickelt. Es handelt sich dabei um einen Industriestandard zur Integration verteilter objektorientierter Anwendungen. Attribute und Methoden können über eine Schnittstelle zur Verfügung gestellt werden. Somit können auch andere Anwendungen darauf zugreifen. CORBA kann innerhalb heterogener Rechnernetze angewendet werden, da die Beschreibung der Schnittstellen mit IDL (Interface Description Language) erfolgt, einer neutralen Beschreibungssprache, die in der jeweiligen Implementierungssprache (C++, JAVA) realisiert wird. Ein ORB (Object request Broker) übernimmt Transport und Koordinierung der Objekte [4].

EDIF: Electronic Data Interchange Format wird von Flowmaster, einem Systemsimulationsprogramm, zum Datenaustausch benutzt [35]. Die Anwendung wird durch die „Automation Functions“ bereitgestellt.

EDIF ist ein Beispiel für bereits vom Softwarehersteller implementierte Schnittstellen. Von Vorteil ist hierbei, dass der Datenaustausch ohne großen Aufwand für den Anwender erfolgen kann. Allerdings können hier nur vom Hersteller vorgesehene Daten übergeben werden, fix implementierte Schnittstellen können sich daher als unflexibel erweisen [22].

3.6 Kopplungsabläufe

Für die Kopplung von Simulationsprogrammen kann zwischen zwei Synchronisationstechniken unterschieden werden: implizite und explizite Methode [20].

3.6.1 Implizite Synchronisation

Die implizite Synchronisation eignet sich insbesondere für stationäre Co-Simulationen. Als Beispiel dient hier eine 1D/3D-Co-Simulation. In diesem Fall wird die CFD-Simulation als erstes durchgeführt, man kann aber auch mit der 1D-Simulation beginnen. Zunächst gibt man Startwerte an den Ein- und Auslässen vor. Mit diesen Werten berechnet das CFD-Programm die Lösung für die Durchströmung. Wenn die Werte ausreichend konvergieren und die Kopplungskriterien erfüllt sind, werden die neu berechneten Daten an das 1D-Programm übergeben (Mittlung über der Einlassfläche). Das 1D-Programm berechnet daraufhin eine neue stationäre Lösung, die als neue Randwerte an das CFD-Programm übergeben werden. Mit den neuen Randbedingungen werden mit dem CFD-Programm wieder die Strömungsverhältnisse berechnet. Diese Iterationen werden solange fortgeführt, bis die Ergebnisse beider Programme nur noch gering voneinander abweichen und die Residuen somit vorher definierte Konvergenzkriterien erfüllen. Die nachfolgende Abbildung 3.4 zeigt das Schema noch einmal in der Übersicht [8]. Für transiente Vorgänge wird nach Unterschreiten der vorgegeben Residuen von beiden Simulationsprogrammen die Berechnung für einen Zeitschritt durchgeführt und der oben beschriebene Iterationsvorgang wiederholt.

3.6.2 Explizite Synchronisation

Für die Umsetzung der expliziten Synchronisation gibt es zwei Möglichkeiten:

- die Simulationsprogramme starten gleichzeitig ihre Berechnungen, unabhängig vom Zeitschritt des anderen und führen die Berechnung solange fort, bis die Kommunikationsschrittweite erreicht ist bzw. eines der Programme auf Daten eines anderen warten muss (MpCCI: 4.1.1);
- das Programm mit der größeren Zeitschrittweite wartet zunächst ab, bis das andere die Höhe des Zeitschrittes für seine Berechnungen übersteigt und rechnet dann. Durch diese Synchronisation kann man sicherstellen, dass beide Simulationsprogramme die gleiche Rechenzeit benötigen. (vif: 4.1.3)

Bei der expliziten Synchronisation berechnet jedes Programm für sich mit der eigenen Zeitschrittweite den Verlauf seiner Zustandsgrößen, bis die Kommunikationsschrittweite erreicht ist, dann erfolgt der Austausch oder auch nur das Senden oder Empfangen der Daten. Für die zeitliche Abfolge gibt es viele Möglichkeiten, Abbildung 3.5 zeigt zwei davon. Bei der parallelen Kopplung laufen beide Simulationsprogramme gleichzeitig. Erreicht die Zeit die Kommunikationsschrittweite, tauschen beide die übergebenen Parameter einmal aus und fahren dann mit den Berechnungen fort.

Wählt man ein serielles Kopplungsverfahren, so berechnet zuerst Programm B eine Lösung für die vorgegebenen Startwerte und gibt diese an Programm A weiter. A rechnet damit weiter bis die Kommunikationsschrittweite erreicht ist und gibt dann diese Werte als Startwerte an Programm B weiter. Lässt man ein Programm Berechnungen vor dem anderen starten und lässt sie dann ihre Werte austauschen, kann man eine zeitliche Verschiebung der beiden Programme erreichen. Die serielle Kopplung bietet die Möglichkeit, einem Simulationsprogramm Informationen über den Verlauf der ausgetauschten Parameter beim anderen Programm mitzuteilen. Es kann somit seine Zeitschrittweite anpassen und die Simulation beschleunigen oder durch ein Verkürzen ein genaueres Ergebnis liefern. Bei unterschiedlicher Zeitschrittweite können für das Programm mit kleinerer Zeitschrittweite Mittelwerte des Übergabeparameters des anderen Programmes verwendet werden, dies führt zu einer höheren Genauigkeit der Berechnungen, ohne dass die Kommunikationsschrittweite verkürzt werden muss [20].

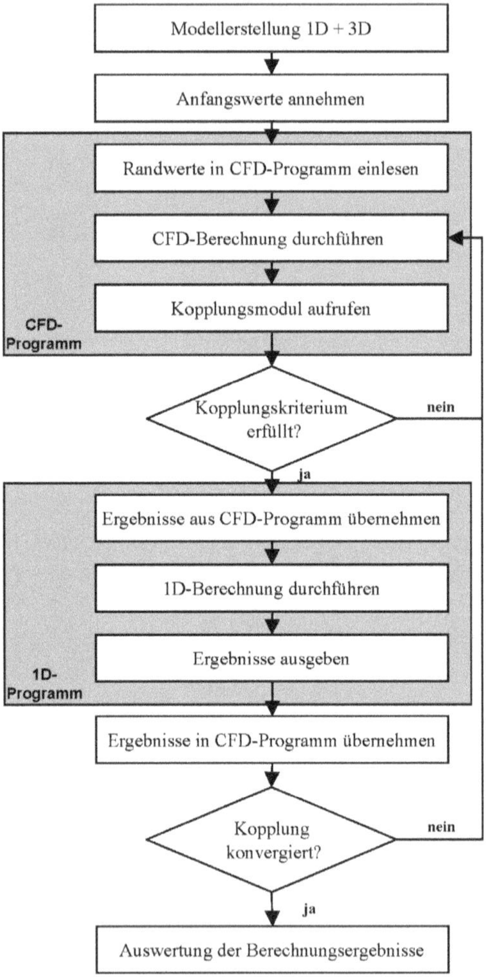

Abbildung 3.4: Verlauf einer 1D-3D-Co-Simulation nach [8]

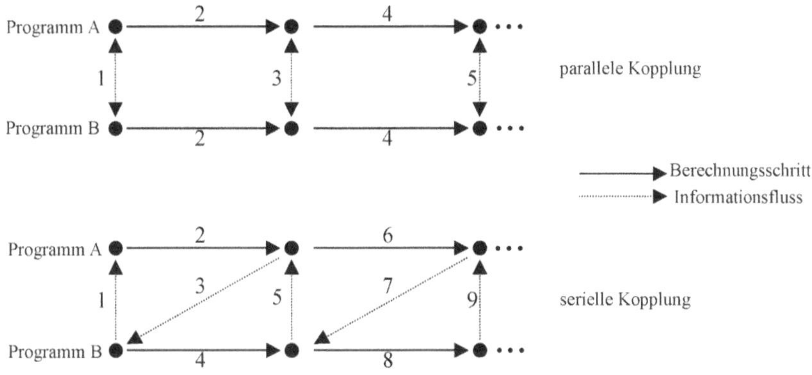

Abbildung 3.5: Explizite Synchronisationsschemen [41]

3.7 Besonderheiten bei 1D/3D-Co-Simulation

Die gesamte Belüftungsanlage eines Flugzeuges kann zur Zeit aufgrund der hohen Rechenzeiten noch nicht mit CFD simuliert werden. Allein für die Berechnung eines Kabinenabschnitts muss man etwa eine Woche Rechenzeit veranschlagen. Der Strömungsverlauf in den Rohren lässt sich in der Regel ausreichend mit einer 1D-Simulation abbilden, wogegen sich der Verlauf innerhalb der Kabine nur sehr schwer darstellen lässt. Lokale Strömungsgeschwindigkeiten entscheiden hier über Komfortempfinden beim Passagier. Zur Lösung des Konfliktes Rechenzeit (reines 1D-Modell) versus Genauigkeit (reines 3D-Modell) bietet sich hier die Kopplung der 1D-Simulation mit einer 3D-Simulation an. Bei der Kopplung kann die Rückwirkung von lokalen Druckschwankungen in der Kabine auf den austretenden Luftmassenstrom berücksichtigt werden. In [16] werden folgende weitere Vorteile einer 1D/3D-Co-Simulation genannt:

- Fehler durch Annahme falscher Parameter werden reduziert, da 3D-Effekte modelliert werden
- Berücksichtigung transienter Randbedingungen,
- Korrekte Bestimmung der Strömung in komplexen Bauteilen.

Im nächsten Abschnitt sollen kurz die zwischen den beiden Simulationen zu übergebenden Parameter beschrieben werden. Desweiteren wird auf wichtige Punkte verwiesen, auf die dabei besonders geachtet werden muss.

3.7.1 Übergebene Parameter

Wenn es sich bei dem strömenden Fluid um ein Gas handelt, müssen jeweils die Temperatur und die verwendeten Gaskonstanten übergeben werden, um die Zustandsgrößen eindeutig bestimmen zu können. Zusätzlich werden noch Druck, Massenstrom oder Strömungsgeschwindigkeit benötigt. Aus einem der drei letzten können die anderen eindeutig bestimmt werden. Häufig werden als Randbedingungen für die CFD-Berechnung der Massenstrom am Einlass und der statische Druck am Auslass verwendet. Bei thermischen Schnittstellen kommen noch Wärmeströme hinzu [23]. Die Übergabeflächen, auf denen die Randbedingungen von der 1D-Simulation übernommen werden sollen, müssen der Form der Rohre oder der Luftauslässe an der Übergabestelle entsprechen.

In [6] wurde untersucht, warum die Konstellation Massenstrom bzw. Geschwindigkeit am Einlass und Druck am Auslass besonders geeignet ist. So können sich bei der Vorgabe von Massenstrom am Ein- und Ausgang Probleme bei der globalen Massenerhaltung ergeben. Die Vorgabe des Drucks an Ein- und Austritt resultiert in hohen Rechenzeiten und ist daher nicht empfehlenswert. Bei Vorgabe des Drucks am Einlass tritt als zusätzliche Schwierigkeit auf, dass sich die turbulente kinetische Energie k nur indirekt aus dem gegeben Druck ableiten lässt, was ebenfalls zu einer Erhöhung der Rechenzeit führt. Welche Konstellation letztendlich gewählt wird, hängt allerdings auch vom verwendeten CFD-Programm und der Stabilität des verwendeten Lösungsalgorithmusses ab. Für StarCD müsste man in der mit dem Programm vertriebenen „Methodology“ nachprüfen, welche Randbedingungen sich besonders eignen.

Bei der Kopplung von 1D/3D Strömungssimulation muss man besondere Vorsicht bei der Übergabe der Parameter üben. Nimmt man einfach das Pfropfenprofil der 1D-Strömungssimulation als Randwert für die gesamte Eintrittsfläche der CFD-Berechnung, so ergibt sich ein Fehler in der tatsächlichen Strömung. Für die Berechnung der Strömung in Kanälen kann die Reibung durch Widerstandsterme berücksichtigt werden (Pipe-Modell), aber das Ergebnis einer 1D-Simulation wird immer eine über die Austrittsfläche konstante Strömungsgeschwindigkeit sein. Um solche systematischen Fehler zu reduzieren, muss das Profil entweder umgerechnet werden oder im 3D-Modell muss eine Art 3D-Rohreinlaufstrecke implementiert werden.

Die Form des Profils hängt dabei unter anderem von der Strömungsgeschwindigkeit, dem Strömungsweg und der Wandrauhigkeit ab (vgl. 2.4). Einen möglichen Ansatz für die Umrechnung beschreibt Abschnitt 3.7.2.

Darüber hinaus gilt es bei der Übertragung der Daten zu beachten, dass die Diskretisierung unterschiedlich fein und in unterschiedlichen Dimensionen erfolgt. Es ist daher keine Eins zu Eins- Übertragung der Daten möglich. Während der Kopplung muss daher eine Interpolation der Daten durchgeführt werden.

Die Übergabe der Daten des CFD-Programms an das 1D-Programm gestaltet sich weniger problematisch, da dass CFD-Programm Mittelwerte der Strömungsgrößen über die Austrittsflächen bilden kann und diese dann an das 1D-Programm übergeben werden können.

3.7.2 Flow Pattern Mapping

Mit „Flow Pattern Mapping“ bezeichnet man die Umrechnung eines mittleren Druckes oder einer mittleren Geschwindigkeit, die man aus der 1D-Berechnung an der Schnittstelle zwischen 1D und 3D erhält, in ein 3D-Strömungsprofil. Dafür muss man für jeden mittleren Druck das reale Strömungsprofil ermitteln. Der Massenstrom des turbulenten Profils muss dabei gleich dem des Pfropfenprofils sein. Innerhalb eines Rohres ist dies für eine ausgebildete Strömung möglich (vgl. Abschnitt 2.4), wenn eine Gleichung für das Geschwindigkeitsprofil ermittelt werden kann.

Sind singuläre Widerstände wie z. B. Abzweigungen und Krümmer im Rohrnetz vorhanden, so muss dazu ausreichender Abstand gehalten werden, damit es sich wirklich um eine ausgebildete Strömung handelt. Befindet sich vor der Übergabestelle ein solcher Widerstand, kann das Flow-Pattern Mapping nicht angewendet werden, wenn der Abstand kleiner als die Nachlauflänge ist. Als Anhaltswert für die Nachlauflänge wird in [11] das Zehnfache des Rohrdurchmessers angegeben. Ein Strömungswiderstand beeinflusst die Strömung auch stromaufwärts, daher muss auch zu nachfolgenden Singularitäten die Vorlauflänge (5 Rohrdurchmesser) eingehalten werden.

Für einen Luftauslass ist die Methode nicht anwendbar, da das Strömungsprofil am Austritt keine ausgebildete Strömung darstellt. Druckschwankungen in Kabine und kleinste Temperaturschwankungen (Auftriebseffekte) beeinflussen bereits das Profil am Austritt. Wenn im untersuchten Raum bereits eine Geschwindigkeit vorherrscht, kann auch dies das Strömungsprofil beeinflussen. Im Prinzip müsste dann für jede Geschwindigkeit und jeden Zustand im Raum ein Experiment durchgeführt werden, um den Einfluss der Strömung im Raum auf das Strömungsprofil zu bestimmen. Dabei müsste auch der Einfluss der anderen Luftauslässe berücksichtigt werden. Gerade diesen experimentellen Aufwand möchte man sich aber durch die Simulation ersparen. Gegen die Anwendung der Methode spricht weiterhin, dass die Strömung in der Kabine auch durch die Form der Luftauslässe beeinflusst werden soll.

Als Alternative zum Flow Pattern Mapping bietet sich an, die Übergabezone der beiden Simulationsprogramme in den Kanal zu verlegen. Mit dieser Einlaufstrecke bildet sich dann automatisch ein Strömungsprofil aus, bis zu der Stelle, wo sich der Luftauslass befindet. Das hat den Vorteil, dass man in dem CFD-Programm die Form der Luftauslässe variieren kann. Welchen Einfluss die Länge der Einlaufstrecke und die Position der Übergabezone auf die Ergebnisse hat, sollte noch untersucht werden.

Kapitel 4

Kopplungssoftware

In diesem Kapitel werden bereits realisierte Kopplungsvarianten vorgestellt. Dabei werden zunächst Möglichkeiten der indirekten Vernetzung aufgezeigt.

4.1 Indirekte Vernetzung

Zunächst werden in diesem Abschnitt vier Kopplungsprogramme vorgestellt, die verschiedenste Simulationsprogramme miteinander koppeln können. Im zweiten Teil werden Steuerungsmodule vorgestellt, die in der Regel vom Anbieter des 1D-Simulationsprogrammes entwickelt wurden. Sie koppeln das Systemsimulationsprogramm des Herstellers mit einem CFD-Programm. Während die Kopplungsprogramme einen großen Benutzerkreis ansprechen, sind die Steuerungsmodule speziell auf die 1D-Software zugeschnitten und haben daher einen geringeren Funktionsumfang. Beispielhaft werden bereits realisierte Anwendungen vorgestellt, um die Einsatzmöglichkeiten der Programme zu verdeutlichen.

4.1.1 MpCCI

MpCCI=Mesh based parallel Code Coupling Interface wurde vom Fraunhofer Institut SCAI entwickelt. Es ist komplett in C++ geschrieben, auf die Bibliothek kann durch C und Fortran-Schnittstellen zugegriffen werden. Erforderlich sind eine C++-Laufzeitumgebung und die Installation von MPI, Java und Perl [1], [41]. MpCCI eignet sich insbesondere für die Kopplung von zwei 3D-Programmen, da es über mehrere Algorithmen verfügt, um die unterschiedlichen Gitter ineinander zu überführen. MpCCi gibt es seit 1996 und ist bereits weit verbreitet, vor allem für die Berechnung von Fluid-Struktur-Interaktionen.

Zur Zeit werden folgende Simulationsprogramme (meist in mehreren Versionen) unterstützt: ABAQUS, ANSYS, FLUENT, FLUX, ICEPAK, PERMAS, STAR-CD und RadTherm. In einer der nächsten Versionen ist auch die Unterstützung von FLOWMASTER (1D-Programm) vorgesehen. Dymola/Modelica wird nicht unterstützt. Für noch nicht unterstützte Codes wird ein Gerüst für eine Schnittstelle angeboten, das vom Benutzer an den Code angepasst werden muss. Die Erstellung einer Schnittstelle wird damit erleichtert. Die Logik der Kopplungsübertragung ist für alle gleich, lediglich die Funktionen receive/send sind für jedes Programm und jede Version unterschiedlich.

MpCCI bietet keine Möglichkeit, ein 1D-Strömungsprofil in ein 2D-Strömungsprofil umzurechnen, dies müsste in einer benutzerdefinierten Funktion im CFD-Programm erstellt werden. Mittels einer grafischen Benutzeroberfläche wählt man zunächst die zu koppelnden Simulationsprogramme und anschließend die Modelle aus. Die vorher definierten Kopplungsbereiche werden von MpCCI automatisch erkannt und können dann dem jeweils entsprechendem Bereich im anderen Modell zugeordnet werden. Anschließend werden die Kopplungsparameter wie Kopplungsverfahren und Kommunikationsschrittweite und die zu übergebenden Parameter festgelegt. Aus MpCCI heraus werden dann der MpCCI-Server und die Simulationsprogramme gestartet. Während der Co-Simulation lassen sich die übergebenen Parameter von MpCCI visualisieren. Abbildung 4.1 zeigt den schematischen Aufbau einer MpCCI-Kopplung.

MpCCI ist plattformunabhängig, die Simulationsprogramme können auch auf parallelen Rechnerstrukturen durchgeführt werden. Zur Zeit können lediglich zwei Programme miteinander gekoppelt werden, in einer Folgeversion ab Herbst 2007 soll auch die Kopplung von mehreren Programmen möglich sein, da dann die Art der Kommunikation von Senden/ Empfangen auf Lesen/Schreiben in einen Speicher umgestellt werden soll.

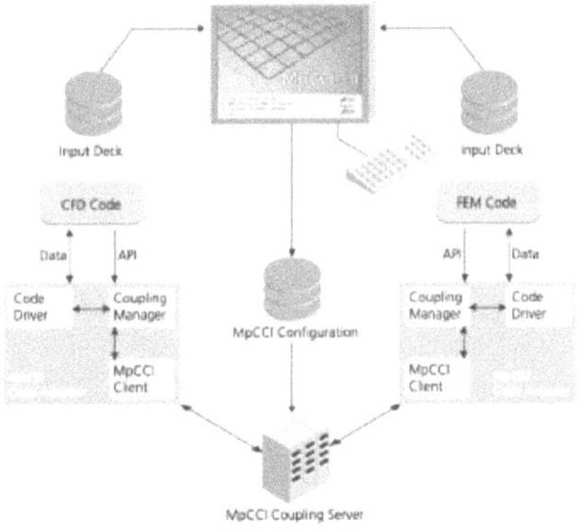

Abbildung 4.1: Schema einer MpCCI-Kopplung [41]

4.1.2 TISC

TISC ist ein Kopplungsprogramm der Firma TLK Thermo. TISC vermittelt auch zwischen mehr als zwei Simulationsprogrammen und ist dabei plattformunabhängig (Linux, Windows, HP-UNIX). Zur Zeit werden folgende Simulationsprogramme/-umgebungen unterstützt: Flowmaster, KULI, Fluent, Star-CD, LabVIEW, Matlab/Simulink, Modelica/Dymola und Trnsys. In der Entwicklung befinden sich Schnittstellen zu Excel und THESEUS-FE, weitere können auf Nachfrage erstellt werden [34].

TISC besteht aus einem Server und Clients, die auf die zu koppelnden Programme aufgesetzt sind (s. Abbildung 4.2) Die Datenübertragung zwischen Client-Anwendung und dem TISC-

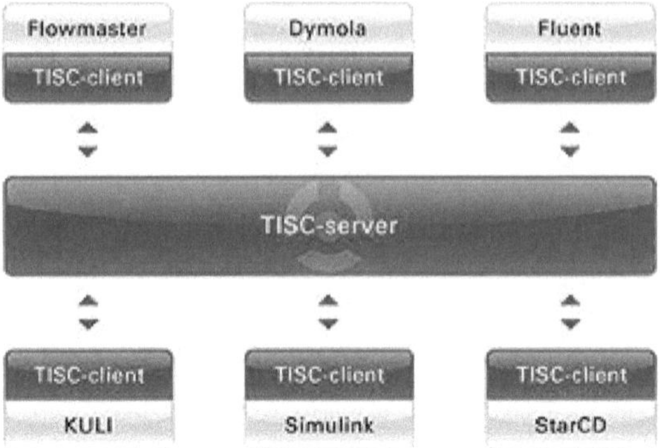

Abbildung 4.2: Schema von TISC [34]

Server läuft über TCP-Sockets. Der Server übernimmt außer dem Datentransfer auch die Synchronisierung der Daten bei jedem Zeitschritt. Dabei stehen dem Anwender drei Möglichkeiten zur Verfügung, die Synchronisierung zu realisieren:

- immer,
- wenn das Simulationsprogramm alle Daten aktualisiert hat, die zum Server gesandt werden,
- wenn das Simulationsprogramm ein bestimmtes Signal sendet (Residuen unterschreiten festgelegten Wert).

Die übertragenen Daten können über zwei mitgelieferte Programme ausgegeben werden:

- TIM: ermöglicht Visualisierung und Abspeichern der übertragenen Daten in Tabelle
- ph-Monitor: stellt Klimakreislaufdaten im Druck-Enthalpie-Diagramm dar

TISC arbeitet über eine COM-Schnittstelle für Flowmaster, Kuli und Excel. Für andere Simulationsprogramme werden receive/send-Funktionen (in C, C++, C# oder FORTRAN mit Schnittstelle) gegeben, die in den Programm-Code integriert werden müssen. Die Einbindung in Modelica funktioniert über Blöcke, die von TISC zur Verfügung gestellt werden und einfach in das bestehende Modell integriert werden können. Diese Blöcke existieren für Modelica v2.x. Die Konfiguration der Schnittstelle erfolgt über den Modifizierer der Blöcke. Die Schnittstelle ist derzeit nach Auskunft der TISC-Kundenbetreuung nur unter Dymola getestet.

Die Einbindung in Star-CD funktioniert über eine benutzerdefinierte Funktion, in der zur Zeit auch die Konfiguration vorgenommen werden muss.

Die automatische Umrechnung von Strömungsprofilen von 1D auf 3D ist noch nicht in TISC integriert, befindet sich aber in der Entwicklung. Im Entwicklungsstadium befindet sich außerdem ein Client, der die Zeitschrittweite kontrollieren und anpassen soll. Dies kann eine gekoppelte Simulation erheblich beschleunigen.

In [26] wird die Anwendung von TISC für die Simulation der Temperatur im Fahrgastraum eines Autos beschrieben. Modelica/Dymola wird dabei für die Simulation des Kühlkreislaufes verwendet, der Fahrgastraum wird mit dem CFD-Programm Fluent simuliert. Fluent übergibt an das Modelica-Modell die Ansaugbedingungen für die Umluft und erhält dafür von Modelica die Temperatur und den Massenstrom der Kühlluft.

4.1.3 vif

Im Rahmen eines Projektes des Kompetenzzentrums „Das Virtuelle Fahrzeug" wird ein Tool entwickelt, mit dem die Kopplung mehrerer Simulationswerkzeuge realisiert werden soll. Neben dem in Abschnitt 4.2.2 näher erläutertem Systemsimulationsprogramm KULI sollen die Programme CRUISE (Fahrsimulation), BOOST (Motorabwärme) und SWIFT (CFD) eingebunden werden.

Die Datenübertragung zwischen KULI und SWIFT wurde zunächst in [22] durch eine Usersubroutine realisiert, sie sorgt dafür, dass der in KULI berechnete Wärmestrom in SWIFT eingelesen wird und das Geschwindigkeitsprofil von SWIFT an KULI übergeben wird. Da das Gitter in SWIFT wesentlich feiner diskretisiert ist als in KULI, muss ein Umrechnungsalgorithmus die Daten übertragen [22]. Für die Berechnung wird SWIFT als erstes gestartet, die aktuelle Geschwindigkeitsverteilung wird an KULI übergeben und ein stationärer Betriebspunkt in KULI berechnet. Die in KULI berechneten Wärmeströme werden wiederum an SWIFT übergeben.

Jede Simulationsumgebung wird über einen Component Adapter verbunden, der die Applikation in eine Corba-Komponente verpackt. In [21] werden drei verschiedene Schnittstellen zur Kopplung vorgestellt. Die Adapter wurden mit Python geschrieben, da es sowohl COM als auch CORBA unterstützt.

Die Synchronisierung erfolgt konservativ: verschickte Nachrichten haben einen Zeitstempel mit der Simulationszeit und eine Gültigkeitsdauer. Die Gültigkeitsdauer besagt, wie lange keine neuen Daten versendet werden. Durch diese beiden Zusatzinformationen ist ein Master überflüssig, es muss kein Ablauf vorgegeben werden.

4.1.4 PALM

PALM ist ein Kopplungsprogramm und wurde vom CERFACS-Institut, Toulouse entwickelt. Dort beschäftigt man sich seit 15 Jahren mit Kopplungssoftware. Anfänglich für die Kopplung von ozeanografischen Modellen entwickelt, ist PALM mittlerweile für die unterschiedlichsten Berechnungsalgorithmen geeignet. PALM besteht aus FORTRAN 90 und C-Routinen, die in den bestehenden Programmcode integriert werden [27]. Als Schnittstellen verwendet PALM MPI 1 und 2 (PALM_MP).

Um PALM zu benutzen, müssen die existierenden Codes kompatibel mit PALM gemacht werden. Dies geschieht durch Einfügen von PALM Funktionen wie z. B. „get" und „put" in den Programmcode. Get und Put sind verantwortlich für den Datenaustausch. Für die Daten, die ausgetauscht werden sollen, muss eine ID-Card erstellt werden. Diese ID-Card enthält Informationen über den numerischen Typ, die Form und wie die Daten verteilt werden sollen [27].

In PrePALM, einer grafischen Benutzeroberfläche, werden dann die zu koppelnden Einheiten miteinander verbunden und Bedingungen für den Ablauf der Algorithmen festgelegt. Mit Hilfe der ID-Cards wird erkannt, wo Daten ein- oder ausgelesen werden. In den „units“ erscheinen dann Verbindungspunkte, die man miteinander verknüpft. Über ein Menü lassen sich für die Verbindungen unter anderem die Zeiten für Datenübertragungen festlegen.

PALM kann auch mehrere Instanzen des gleichen Codes gleichzeitig ausführen, dies kann insbesondere bei CFD-Berechnungen mit unterschiedlichen Parametern zu einer Reduzierung der Rechenzeit führen.

Zur Zeit ist eine Research Version erhältlich, die für Forschungszwecke kostenlos ist. Eine kommerzielle Version des Codes ist bereits erschienen. Bisher wurde PALM unter anderem in Verbindung mit ELSA, einem Programm für unstetige CFD-Simulationen angewendet.

Der Programmcode muss möglichst frei zugänglich sein und in Form eines FORTRAN oder C-Codes vorliegen. Trotz der grafischen Oberfläche ist die Anwendung von PALM sehr aufwändig, wenn man kommerzielle Programme verwendet, deren Code nicht frei zugänglich ist [18].

Bisher wurde PALM nicht für eine 1D-3D-Kosimulation verwendet.

4.1.5 STARLink

STARLink ist ein Dienstprogramm (Utility), dass die Kopplung von Star-CD mit Flowmaster ermöglicht. Der Benutzer muss mittels einer einzelnen grafischen Oberfläche Datenblätter ausfüllen, wo er unter anderem die Start-, Stop- und Konvergenzkriterien einträgt. Die Simulation wird anschließend von STARLink gesteuert und überwacht. Die Simulationsprogramme können auf unterschiedlichen Plattformen laufen (Star-CD auf Unix-Plattform, Flowmaster auf Windows). Das Programm regelt den Datentransfer zwischen den beiden Simulationen und übernimmt auch die Datenkonvertierung. Die Integration in Flowmaster geschieht über Automation Functions, die auf der COM-Schnittstelle basieren. Auf die Automation functions kann von vielen Programmiersprachen aus zugegriffen werden, wenn sie COM unterstützen. Ein Zugriff ist auch von MS Word, Excel und Access möglich. Die Flowmastersimulationen laufen in diesem Fall ohne Benutzung der grafischen Oberfläche von Flowmaster ab. STARLink ermöglicht, dass Flowmaster gestartet wird, ein Projekt geöffnet wird und sogar Daten in diesem Projekt modifiziert werden können. Man kann eine Berechnung starten, die Werte auslesen und umrechnen.

Um STARLink mit Star-CD nutzen zu können, müssen Unterfunktionen integriert werden, die Star-CD mit STARLink verbinden.

STARLink findet z. B. bei BMW Verwendung zur Berechnung von Kühlwasserströmen über Zylinderkurbelgehäuse und Zylinderkopf. Hierbei werden die globalen Massenströme an das CFD-Programm übergeben. An das 1D-Programm wiederum wird der lokale Druckverlust (von CFD berechnet) zurückgegeben. Nach jeder Datenübertragung wird bis zur Konvergenz gerechnet [35].

STARLink ist eine Weiterführung der Arbeiten von Grafenberger u.a. [8]. Erste Untersuchungen zu der Kopplung von Flowmaster und Star-CD finden sich in [13].

4.1.6 FLUENTLink

FLUENTLink ist ein weiteres Dienstprogramm von Flowmaster, dass die die Kopplung von Flowmaster mit FLUENT ermöglicht. Es besitzt weitgehend die gleichen Eigenschaften wie STARLink. Desweiteren existiert für Flowmaster auch ein allgemeiner CFD-Link sowie eine Kopplungsmöglichkeit über Matlab Simulink. Für Anfang 2007 ist nach Aussagen der Kundenbetreuung eine MpCCI-Schnittstelle geplant.

4.1.7 SimulationX und Fluent

SimulationX ist eine vielseitig einsetzbare Systemsimulationssoftware von der ITI GmbH, Dresden, die auf Modelica basiert. Die Kopplung mit FLUENT erfolgt über ein Steuerungsmodul.

Ein in SimulationX eingebettetes Modellobjekt für die Simulatorkopplung übergibt den Druck und den Massenstrom vor dem Ventil sowie die Kommunikationsschrittweite und ein Steuersignal an das Steuerungsmodul. Das Steuerungsmodul erstellt aus diesen Werten und aus vorher definierten Anweisungsfolgen für jeden Zeitschritt in der FLUENTberechnung eine Textdatei. FLUENT liest die Datei ein und führt die darin enthaltenen Anweisungen durch. So werden zum Beispiel alle zu übergebenden Daten in eine Text-Datei geschrieben. Aus dieser Datei kann dann das Steuerungsmodul die Daten lesen, die an SimulationX übertragen werden sollen. Der ITI-Systemsimulator verwendet die TCP/IP-Schnittstelle für die Datenübergabe. Das Zeitintervall für den Datenaustausch wird als Parameter vorgegeben.

In [23] wird die Kopplung für eine instationäre Drosselströmung angewandt. An SimulationX soll der Druckverlust zwischen Ein-und Ausgang übergeben werden. Der von Fluent berechnete neue Druckverlust wird linear interpoliert, um die großen Unstetigkeiten im Druckverlustverlauf zu reduzieren und damit das Ergebnis zu stabilisieren (hat zu Schwingungen geführt, die keine physikalische Ursache haben). Dies ist keine ganz korrekte Vorgehensweise, eigentlich müsste eine engere Kopplung erfolgen, so dass die Programme bei der Berechnung eines einzelnen Zeitschrittes Daten austauschen und gemeinsam eine Lösung ermitteln. (Kopplung auf Iterationsebene) Dies führe allerdings zu sehr hohen Rechenzeiten, außerdem wäre ein besserer Einblick in die Programmcodes der Lösungsalgorithmen nötig. Die Interpolation führt zu einem nummerischen Fehler, der aber durch geeignete Parameterwahl kleingehalten werden kann [23].

Eine drastische Verkürzung der Rechenzeiten lässt sich durch Variierung der Zeitschrittweite und der Iterationszahl pro Zeitschritt in Abhängigkeit vom Signalverlauf erreichen. Im untersuchten Beispiel ergab sich eine Reduzierung der Rechenzeit um etwa 40%. Gleichzeitig lässt sich die nummerischen Genauigkeit der Ergebnisse erhöhen, da Zeitabschnitte mit großen Änderungen der Randweite mit höherer Auflösung berechnet werden. Dies erfordert die Implementation zusätzlicher Tests im Schnittstellenmodul.

4.2 Direkte Vernetzung

Einige Hersteller greifen auf die direkte Vernetzung zurück, da die Schnittstelle nur zwischen zwei Programmen benötigt wird. Eine Realisierung einer 1D-3D-Co-Simulation ist auch desöfteren als Thema von Doktor- oder Diplomarbeiten zu finden, diese sind in der Regel auf zwei bestimmte Simulationsprogramme beschränkt. Neben fünf Lösungen von Herstellern sollen auch die Ergebnisse einer Diplomarbeit vorgestellt werden.

4.2.1 Virtual Engines v5.0

Bei Virtual Engines handelt es sich um eine Software-Suite, die auf die Simulation von Motoren abgestimmt ist. Sie wird von Optimum Power angeboten. Ab der Version V5 bietet Virtual Engine die Möglichkeit zur Co-Simulation mit FLUENT. Mit einer grafischen Benutzeroberfläche legt der Bediener die zur Kopplung der beiden Standardprogramme benötigten Parameter fest. Der Benutzer hat die Möglichkeit, bis zu 20 Anschlussstellen an das CFD-Modell im VE-Modell zu integrieren. Anschließend muss von ihm die entsprechenden Regionnummen oder ZonenIDs angegeben werden. Durch eine in der Bibliothek integrierten Fehlerbehandlung wird sichergestellt, dass diese Nummern auch mit dem CFD-Modell zur Laufzeit übereinstimmen. Der Benutzer muss dann innerhalb von FLUENT die Randbedingungen mit entsprechenden benutzerdefinierten Funktionen spezifizieren, die in der bereitgestellten Bibliothek vorhanden sind. Wenn eine gekoppelte Simulation durchgeführt werden soll, so muss das FLUENT Modell ausgeführt werden. FLUENT agiert dabei als ein Server und Virtual Engine als Client. Die Kommunikation läuft direkt über den Speicher. Der Datenaustausch erfolgt in variablen Zeitschritten, die von Virtual Engine geregelt werden, um einen effizienten Datentransfer zu gewährleisten [31].

4.2.2 KULI cfd

KULI ist ein auf Wärmeübertragung spezialisiertes Systemsimulationsprogramm mit dem zum Beispiel die luftseitige Durchströmung des Vorderwagens [17] modelliert werden können. Erstellt wurde KULI von MAGNA Powertrain. KULI cfd ist Teil des Modules KULI advanced, eine Erweiterung für KULI, das die Kopplung von KULI mit CFD-Programme unterschiedlicher Hersteller ermöglicht (zur Zeit: FIRE, Star-CD, Fluent, CFX, PowerFLOW) [29]. Fix vorgefertigte Schnittstellen zu anderen CFD-Tools sind momentan nicht geplant, die notwendigen Dateiformate sind allerdings einfach gehalten (Textdatei im Spaltenformat), so dass laut Aussage der Kundenbetreuung jedes gängige CFD-Tool Daten in dieser Form erzeugen kann. KULI cfd verfügt über zwei Möglichkeiten der Kopplung mit CFD-Programmen. Die „offline"-Kopplung ermöglicht keine Kopplung während der Laufzeit sondern nur das Einlesen von Ergebnissen einer CFD-Simulation. Es soll hier trotzdem Erwähnung finden, da es einen interessanten Ansatz für die Umrechnung von Strömungsprofilen umsetzt. Eine ungleichmäßige Verteilung der Kühlluft an der Wärmeübertrageroberfläche kann durch das sogenannte n-Modell (1 1/2-dimensional) berücksichtigt werden. Zunächst führt man eine CFD-Analyse der Durchströmung eines Wärmetauschers für eine isotherme „kalte" Strömung durch. Der Wärmeaustausch zwischen Luft und Kühlflüssigkeit wird vernachlässigt, um die Berechnung möglichst einfach zu halten. Aus dem resultierenden Strömungsprofil wird eine Widerstandsmatrix (System von Strömungswiderständen) berechnet. In KULI kann man einen Wärmeübertrager in Elemente unterteilen und damit mehrere Luftpfade generieren. Jedem dieser Luftpfade kann mit der Widerstandsmatrix ein Druckabfall zugeordnet werden, dies führt dann zu einer inhomogenen Geschwindigkeitsverteilung in der 1D-Simulation [17]. Mit der Option CFD direkt ist eine dynamische Kopplung

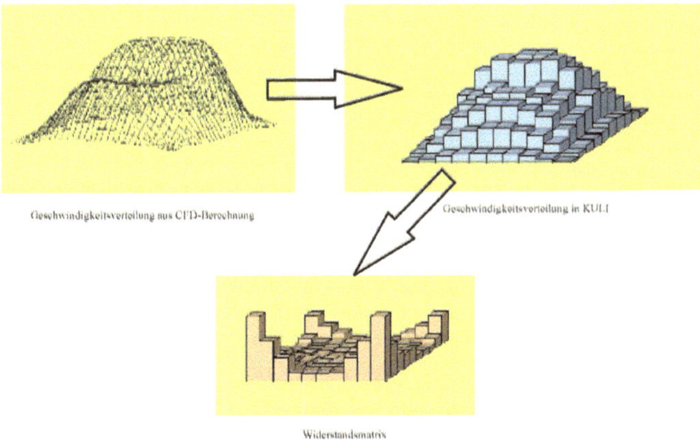

Abbildung 4.3: Entstehen der Widerstandsmatrix nach [17]

möglich, in diesem Fall werden keine Widerstandsmatrizen generiert sondern die Geschwindigkeiten aus der CFD-Berechnung direkt eingelesen. KULI bietet hier allerdings nur eine Schnittstelle zum Einlesen der Daten, die Steuerung der Kopplung und des Datenaustausches muss der Benutzer im CFD-Programm über benutzerdefinierte Funktionen selbst realisieren.

4.2.3 GT-POWER

Bereits 1997 wurde die Kopplung von GT-Power mit Star-CD auf einer Tagung vorgestellt [14]. GT-Power von gti soft ist eine Systemsimulationssoftware, mit dem sich der Motor sowie die gesamte Abgasanlage in 1D modellieren lässt. Für die Kopplung mit Star-CD oder FLUENT ist keine weitere Programmierung erforderlich. Darüber hinaus bestehen Schnittstellen zu MS EXCEL und Simulink.

Innerhalb des GT-Power-Modells wird eine Gruppe von 1D-Komponenten durch eine CFD-Komponente ersetzt. Es handelt sich dabei um eine symbolische Repräsentation des von Star-CD berechneten Teilmodells. Auch in diesem Fall wird ein Volumenstrom-Druck-Modell verwendet. Es können auch Temperatur, Dichte und Turbulenzgrad übergeben werden [32]. GT Power agiert als Server, Star-CD als Client im Gegensatz zur Kopplung Flowmaster/Star-CD. Der GT-Solver kann Zeitzwischenschritte durchführen, falls die Kommunikationsschrittweite sehr groß ist. Der Server muss synchron mit dem Client ablaufen und den Datentransfer zwischen beiden Programmen steuern [12]. Die verwendeten Schnittstellen werden im Handbuch näher beschrieben, das nur zusammen mit dem Programm erhältlich ist. Eine Umrechnung des

Profils ist nicht integriert, auf die Geschwindigkeitsdaten kann auch nicht von außen zugegriffen werden, da diese laut Auskunft der Kundenbetreuung intern übergeben werden.

4.2.4 Wave und VECTIS

Bei Wave handelt es sich um eine Motorleistungs- und Gasdynamik-Simulationssoftware von RicardoSoftware. VECTIS ist ein CFD-Programm, das speziell für komplexe Probleme in Verbrennungsmotoren und Fahrzeuge entwickelt wurde. Der Benutzer kann in das 1D-Netz von Wave ein oder mehrere 3D-Vectisbereiche integrieren. Die Kopplung findet auf Zeitschrittebene statt. VECTIS wird automatisch als Client-Prozess von Wave gestartet sobald die Berechnung des 1D-Codes konvergiert. Bauteile, die mit VECTIS berechnet werden sollen, werden bei der ersten 1D-Berechnung mit angenommenen Werten versehen. Wave ->Vectis: Massenstrom, durchschnittliche Dichte, Druck, Temperatur Vectis-> Wave: gemittelte Werte über die Grenzflächen

Der Zeitschritt wird durch Vectis vorgegeben. Es werden nur gemittelte Werte übergeben, aufgrund der komplexen Geometrie im Ansaugstutzen scheint eine Umrechnung des Strömungsprofils nicht angemessen, da keine ausgebildete Strömungen vorherrschen. Die Kopplung diente in diesem Beispiel dazu, die 1D-Simulation zu verbessern [10].

4.2.5 PROMO und FIRE

PROMO ist ein 1D-Programm für die Antriebsentwicklung, das bei BMW intern weiterentwickelt wurde. FIRE ist ein CFD-Programmpaket von AVL, Graz. Die Kopplung dieser beiden Programm wurde für die Motorenentwicklung bei BMW implementiert durch eine standardisierte 1D-3D-Schnittstelle in FIRE. PROMO läuft dabei als Unterprogramm von FIRE. Die Kopplung findet auf Zeitschrittebene statt. FIRE berechnet zunächst und gibt die Ergebnisse als Randwerte an PROMO weiter. Die von PROMO berechneten Werte werden von FIRE für den nächsten Zeitschritt eingelesen. Randwerte werden während eines Zeitschrittes konstant gehalten, beide Programme berechnen für den jeweiligen Zeitschritt eine stationäre Lösung. Daher ist keine Kopplung während der Iteration möglich. FIRE gibt einen Zeitschritt vor, der von PROMO noch weiter unterteilt werden kann (abhängig von Courant-Zahl, Eintreten von Arbeitsspielereignissen). Für die Übergabe wird ein Überlappungsgebiet definiert, dessen Länge frei gewählt werden kann. Abbildung 4.4 zeigt dies für ein gerades Rohr. FIRE übergibt an PROMO die Mittelwerte der Zellschicht, die um die gewählte Überlappungslänge von der Kopplungsstelle entfernt ist, in der Abbildung gekennzeichnet mit 3D $\rightarrow$ 1D. PROMO übergibt seine Werte an FIRE an der Kopplungsstelle. Da dieser Wert für den gesamten Rand (alle Zellen von Fire) vorgeben wird, handelt es sich hier um ein Rechteckprofil, in der Abbildung zu sehen. Das Überlappungsgebiet dient hier der Ausbildung eines Strömungsprofils wie am Ende des Abschnitts 3.7.2 beschrieben. Falls an den Rändern des Überlappungsgebietes keine Stützstellen oder Gitterpunkte liegen, können die benötigten Werte aus den Nachbarwerten interpoliert werden [7].

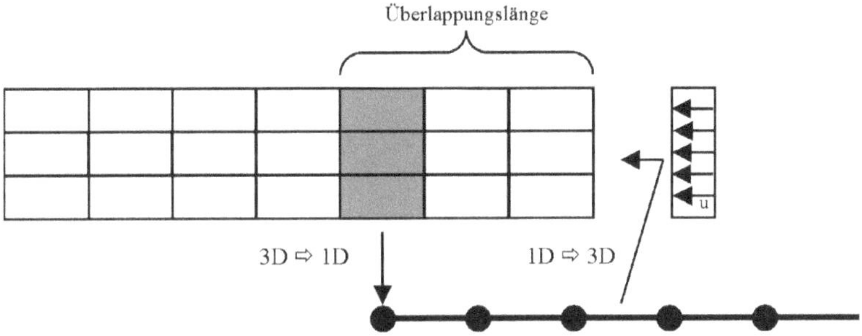

Abbildung 4.4: Überlappungsgebiet bei der Kopplung von PROMO und FIRE nach [7]

4.2.6 AMESim und FIRE

AMESim von der Firma Imagine ist wie SimulationX ein vielseitig einsetzbares 1D-Simulations-programm, das sich vor allem für die Simulation von hydraulischen Kreisläufen eignet. Es existieren bereits Schnittstellen zu anderen Simulationsprogramme wie z. B. Matlab/Simulink. In [6] wird die Anbindung von FIRE (siehe voriger Abschnitt) über Benutzerfunktionen in FORTRAN realisiert. Die Einbindung in AMESim erfolgt über ein neu entworfenes Element (im Folgenden als Kopplungselement bezeichnet), das in C programmiert wird. AMESim verfügt über Routinen, die die Kommunikation zwischen Programmen in C und Fortran ermöglichen. AMESim fungiert bei der Co-Simulation als Master, es führt als erstes eine Berechnung durch. Über das Kopplungselement wird FIRE aufgerufen. Das Kopplungselement übermittelt neben der Geschwindigkeit die Temperatur. Mit den übermittelten Randwerten berechnet FIRE aus der mittleren Geschwindigkeit ein Geschwindigkeitsprofil und die turbulente kinetische Energie k. Mit diesen Randbedingungen startet FIRE die Berechnungen und übergibt wiederum die gemittelten Randwerte zurück an AMESim.

Für die Umrechnung des Pfopfenprofils der 1D-Simulation wird vorausgesetzt, dass eine vom Volumenstrom abhängige Funktion für das Geschwindigkeitsprofil gegeben ist [6]. Die Anwendung ist auf kreisförmige Rohre begrenzt, wobei die Geschwindigkeit normal zur Übergabefläche und axialsymmetrisch ist. Existiert kein solches Geschwindigkeitsprofil, kann die Umrechnung nicht erfolgen.

In [6] wird auch untersucht, welche Kombination von übergebenen Parametern den meisten Erfolg verspricht (siehe Abschnitt 3.7.1).

Kapitel 5

Zusammenfassung und Ausblick

Die Kopplung eines CFD-Tools mit Modelica/Dymola nutzt die Vorteile der Co-Simulation aber auch die der Sprachstandardisierung aus.

Da im vorliegenden Fall nur zwei Simulationsprogramme miteinander vernetzt werden sollen, bietet sich die direkte Vernetzung von Modelica und StarCD an. Bei der Umsetzung muss geprüft werden, welches Programm sich als Master eignet und ob zuerst die 1D- oder die 3D-Berechnung gestartet werden soll. Die Integration des Systemsimulationsprogammes in das CFD-Programm kann durch die Verwendung von Benutzerroutinen erfolgen. Für die 1D/3D-Co-Simulation reicht die Übertragung über Dateien aus, die Synchronisierung ist allerdings bei Übertragung in beide Richtungen begrenzt.

Für höheren Bedienkomfort und schnellere Rechenzeiten scheint ein Steuerungsmodul wie bei 4.1.5 oder 4.1.7 empfehlenswert. Allerdings ist der Programmieraufwand höher. Sollen noch weitere Simulationsprogramme wie Matlab/Simulink angeschlossen werden, so empfiehlt sich ein Kopplungsprogramm. Existieren die benötigten Schnittstellen bereits, so ist eine schnelle Umsetzung der Kopplung möglich. In diesem Fall erscheint TISC als geeignete Wahl, da bereits Schnittstellen zu Dymola/Modelica und Star-CD existieren. Die Fähigkeiten von MpCCI im Bereich der Gitterinterpolationen gehen weit über die benötigte FUnktionalität hinaus, eine Schnittstelle zu Modelica/Dymola müsste in Eigenarbeit erstellt werden. Von Vorteil ist bei der Entscheidung für ein Kopplungsproramm auch die Unterstützung durch die Hersteller sowohl des Kopplungsprogrammes selbst als auch der zu koppelnden Simulationsprogramme.

Was die Übergabe der Parameter von der 1D- an die 3D-Simulation betrifft, so hat sich in Abschnitt 3.7.2 herausgestellt hat, dass sich die Umsetzung des Flowpattern-Mappings direkt am Luftauslass sehr schwierig gestaltet. Es bietet sich daher an, entweder ein Überlappungsgebiet wie bei der Kopplung von Promo und FIRE in Abschnitt 4.2.5 zu verwenden oder das Flow Pattern Mapping für eine Kopplungsstelle im Rohr zu realisieren (ähnlich wie in [6]). In beiden Fällen sollte ein Teilstück mit ausgebildeter Strömung gewählt werden. Diese Gebiete sollten dabei nicht zu weit entfernt von den Luftauslässen liegen, da sonst die Rechenzeit der 3D-Simulation erheblich ansteigt, weil die Teilstücke ab der Kopplungsstelle zusätzlich berechnet werden müssen. Bei einer Übergabe in den Rohren ist es möglich, die Form der Luftauslässe und den Einfluss auf die Kabinenströmung im CFD-Programm zu berücksichtigen.

In nachfolgenden Arbeiten sollte untersucht werden, ob die Schnittstellen der beiden Simulationsprogramme ausreichend sind für eine direkte Kopplung. Als problematisch kann sich hier die Vielzahl der Kopplungsstellen und die Zuweisung der entsprechenden Flächen erweisen. Für einen höheren Bedienkomfort und bessere Eingriffsmöglichkeiten der Benutzer ist auch die Erstellung eines Steuerungsmodules denkbar, dies kann z. B. unter Matlab erfolgen wie bereits bei ersten Testmodellen der TU Berlin geschehen. Weiterhin ist zu untersuchen, welchen Einfluss der Zeitpunkt des Datenaustausches auf die Simulationsergebnisse hat und wie hoch die numerische Stabilität des gekoppelten Systems ist. Wie in [23] gezeigt, sollte die Kommunikationsschrittweite variabel sein, um die Berechnungen zu beschleunigen.

Wie hoch der Zeitaufwand für die einzelnen Varianten ist, kann von der Autorin nicht eingeschätzt werden, dies hängt stark vom Kenntnisstand desjenigen ab, der die Kopplung realisieren wird.

Die Angaben in dieser Arbeit basieren zum Teil auf Herstellerinformationen, daher ist keine absolute Verlässlichkeit gegeben.

Literaturverzeichnis

[1] Ahrem, R.:
Multidisciplinary Simulations with the Coupling Library MpCCI
PAMM, Proc. Appl. Math. Mech. 1 (2002), Minisymposium 9.5, S.39-42

[2] Balint, T. S.:
Assessment of Commercial Off the Shelf Computational Fluid Dynamics (COTS-CFD) Tools to Enhance the Concurrent Design Environment at NASA-JPL
International Space University 2002

[3] Balzert, H.:
Lehrbuch der Softwaretechnik
2.Auflage, Spektrum Akademischer Verlag, Heidelberg Berlin 2000

[4] Beitz, W.; Grote, K-H. (Hrsg.):
Dubbel: Taschenbuch für den Maschinenbau
20. Auflage, Springer Verlag

[5] Betz, J.; Anzenberger, T.; Kobs, T.:
Entwicklungstendenzen der Wärmemanagementsimulation im Bereich Kühlung und Klimatisierung bei AUDI
Wärmemanagement des Kraftfahrzeugs IV
1. Auflage, expert Verlag, Renningen 2005

[6] Deiterding, R.
Numerische Kopplung eines 3D-Strömungssimulators an einen 1D-Hydrauliksimulator zur Auslegung von motorischen Einspritzsystemen
Diplomarbeit pdf

[7] Durst, B.; Thams, J.; Görg, K.-A.:
Frühzeitige Beurteilung des Einflusses komplexer Bauteile auf den Ladungswechsel mittels gekoppelter 1D-3D-Strömungsberechnung
MTZ Motortechnische Zeitschrift 61 (2000) 4, S. 218-223

[8] Grafenberger, P. u. a.:
Simulation der Motorkühlung mit Hilfe gekoppelter 1D- und 3D-Strömungsberechnung
Automobiltechnische Zeitschrift 102 (2000) 4 S. 248-256

[9] Grose, D.J.; Austin, K.:
Coupling of One-Dimensional and Three-Dimensional Simulation Models
SAE Paper 2001-01-1770

[10] Guizetti, M.; Colombo, T.:
Combined Wave-Vectis-Simualtion of an intake manifold
F.A. Powertrain Arese pdf

[11] Herwig, H.:
Strömungsmechanik
2. Auflage Springer Verlag Heidelberg Berlin 2006

[12] Kaiser, R.; Moochkai, Y.; Olesen,M.:
Optimierung von Abgasanlagen mit gekoppelter 1D/3D-Simulation
MTZ Motortechnische Zeitschrift 66(2005) 4, S. 260-267

[13] Lagler, K.: Kopplung von 1D- und 3D-Strömungsprogrammen am Beispiel der Kühlungssimulation von Dieselmotoren
erstellt im Rahmen eines Projektes bei der Firma BMW-Motoren GmbH in Steyr
Technische Universität Wien, Diplomarbeit 1999

[14] Lang,O.; Silvestri, J.; Crawford,B.:
Analysis of a Close-Coupled Catalyst by a Combined lD/3D Calculation Model
Sixth Symposium of the Institute for Internal Combustion Engines and Thermodynamics, TU Graz 1997

[15] Larsson, J.
Interoperability in Modeling and Simulation
Dissertation Nr 854
UniTryck Linköping 2003

[16] Ludhi, A.
1d and 3d Co-Simulation between FlowMASTER and Cfd Packages
erschienen in: Proceedings of MpCCI 7th User Forum 2006

[17] Marzy, R.:
Kopplung von 1D- und 3D-Simulationsprogrammen zur Optimierung von Kfz-Kühlsystemen
ÖIAV Tagung 2000 Wien pdf

[18] Morel, T.:
Manuel de formation au logiciel PALM MP
Technical Report TR/CMGC/06/19, CERFACS, Toulouse 2006
Word-Dokument

[19] Pomberger,G. ;Rechenberg,P. (Hrsg):
Informatik Handbuch
4. Auflage, Hanser Verlag, München Wien 2006

[20] Puntigam, W.; Balic,J.;Almbauer,R.; Hager,J.: Transient Co-Simulation of Comprehensive Vehicle Models by Time Dependent Coupling SAE Paper 2006-01-1

[21] Puntigam, W. u.a.:
Kopplung von 0D-, 1D- und 3D-CFD-Simulationsprogrammen
Automotive Engineering Partners 2004 Heft 6, S. 48-51

[22] Puntigam, W. u.a.:
Thermisches Management im Fahrzeug durch Kopplung unterschiedlicher Simulationsmodelle
Wärmemanagement des Kraftfahrzeugs IV
1. Auflage, expert Verlag, Renningen 2005

[23] Rüdiger, F.; Klein, A.; Schütze, J.:
Gekoppelte Simulation in der Hydraulik
O+P Ölhydraulik und Pneumatik 47 (2003) Nr. 5, S. 356-359

[24] Sauerbier, T.:
Theorie und Praxis von Simulationssystemen
1.Auflage, Vieweg Verlag, Braunschweig/Wiesbaden 1999

[25] Schmitz, G.; Wischhusen, S.; Prölß, K.:
Eine Einführung in Modelica
Stand: 12/2005 pdf

[26] Tegethoff, W.; Correia, C. u.a.:
Co-Simulation und Sprach-Standardisierung am Beispiel des Wärmemanagements
Wärmemanagement des Kraftfahrzeuges V
1. Auflage, expert Verlag, Renningen 2006

[27] Valcke, S.; Morel, T.:
Oasis + PALM, the CERFACS Couplers
Technical Report TR/CMGC/06/38, CERFACS, Toulouse 2006 pdf

[28] Verein Deutscher Ingenieure (Hrsg.):
VDI-Wärmeatlas
9. Auflage, Springer Verlag, Berlin Heidelberg New York 2002

[29] Kuli advanced
Infoblatt des Herstellers
URL: http://www.kuli.at

[30] Puntigam, W.:
Kopplung von 0D-, 1D-, und 3D-Simulationsprogrammen URL: http://www.vif.tugraz.at

[31] 1D/3D Co-Simulation Option (Fluent)
URL: http://www.optimum-power.com
Abrufdatum August 2006

[32] Homepage adapco
URL: http://www.adapco-online.com
Abrufdatum August 2006

[33] Homepage Bausch-Gall, Distributor von Dymola, Deutschland
URL: http://www.bausch-gall.de
Abrufdatum September 2006

[34] Homepage von TLK thermo
URL: http://www.tlk-thermo.de
Abrufdatum August 2006

[35] Homepage von Flowmaster
URL: http://www.flowmaster.com
Abrufdatum August 2006

[36] Homepage dynasim
URL: http://www.dynasim.se
Abrufdatum September 2006

[37] Homepage der Modelica Association
URL: http://www.modelica.org
Abrufdatum September 2006

[38] Homepage des Herstellers von Star-CD
URL: http://www.cd-adapco.com
Abrufdatum August 2006

[39] Homepage cfd-online
URL: http://www.cfd-online.com
Abrufdatum August 2006

[40] Homepage von Microsoft
URL: http://www.microsoft.com
Abrufdatum August 2006

[41] Homepage von MpCCI
URL: http://www.mpcci.de
Abrufdatum August/September 2006